中国华电集团有限公司

抽水蓄能电站开发建设实用手册

中国华电集团有限公司 组编

图书在版编目（CIP）数据

中国华电集团有限公司抽水蓄能电站开发建设实用手册 / 中国华电集团有限公司组编. -- 北京: 中国电力出版社, 2024.7.
ISBN 978-7-5198-9099-5

Ⅰ. TV743-62

中国国家版本馆 CIP 数据核字第 2024UL9975 号

出版发行：中国电力出版社
地　　址：北京市东城区北京站西街 19 号（邮政编码 100005）
网　　址：http://www.cepp.sgcc.com.cn
责任编辑：刘汝青　孙建英
责任校对：朱丽芳
装帧设计：赵姗姗
责任印制：吴　迪

印　　刷：三河市万龙印装有限公司
版　　次：2024 年 7 月第一版
印　　次：2024 年 7 月北京第一次印刷
开　　本：787 毫米 ×1092 毫米　16 开本
印　　张：13.5
字　　数：214 千字
定　　价：158.00 元

版权专有　　侵权必究

本书如有印装质量问题，我社营销中心负责退换

编　委　会

顾　　问　张宗亮

主　　编　黄　辉

副 主 编　李正平　杨　焱

编　　委　徐朝晖　纪长久　邵增富　吴经干
洪　云　黄文洪　郭定明

编写人员　周顺田　周罗香　聂勇勇　刘　鹏
陈伯汉　阮林茂　康志亮　沈向阳
林东生　邱尚贤　陈　熠　赵真毓
田德智　陈　波　黄建生　卢秋生
陈　嵘　叶发金　曾继坤　卓已峰
李龙龙　张　健　周站勇　刘东旭
黄晓梅　钟兴全　戴鸿清　张　莉
张毛毛　陈　亮　罗仁兴　李亚龙
嘎玛次珠

序

“双碳”目标下，我国能源绿色低碳转型加快推进，风电、光伏等新能源大规模高比例发展，电力系统的平衡和安全更为重要，需要充足的灵活调节资源保障。抽水蓄能电站具有技术成熟、效率高、容量大、储能周期不受限制等优点，在诸多储能调节电源中经济指标和安全性能最佳，是当前及未来一段时期保障电力系统安全、促进新能源大规模发展和消纳利用、构建新型电力系统不可或缺的稳定器。

近年来，国家陆续出台了支持抽水蓄能发展政策措施，抽水蓄能发展呈现了生机勃勃、快速发展的新格局，加快抽水蓄能高质量发展需求日趋紧迫。中国华电集团有限公司具有丰富的水电开发建设经验，先后开发建设了乌江、北盘江、金沙江中游、金沙江上游等流域梯级大型水电项目，筑牢精品工程建设理念，逐步形成具有华电特色的水电建设管理文化，在开发建设福建周宁抽水蓄能电站等项目基础上，组织编写了《中国华电集团有限公司抽水蓄能电站开发建设实用手册》。手册涵盖了抽水蓄能电站开发建设全过程管控内容，特别是强调了开发建设阶段重点关注事项，有助于建设管理人员快速掌握关键环节，高效推进项目建设；同时，提供了高质量建设华电方案，即“优质、创新、绿色、效益、数字、廉洁”六个维度为核心的精品工程创建方案，阐述了精品工程创建路径和实施方案。

本手册全面实用、内容丰富，具有很强的指导性、实用性和可操作性，可为新时代大规模抽水蓄能高质量建设管理提供借鉴和帮助。

中国工程院院士 張宗亮

2024 年 7 月

前言

2020年9月，习近平总书记在第七十五届联合国大会一般性辩论上宣布“中国二氧化碳排放力争于2030年前达到峰值，努力争取2060年前实现碳中和”；在2023年中央经济工作会议时强调“深入推进绿色低碳发展。积极稳妥推进碳达峰碳中和，加快打造绿色低碳供应链。加快建设新型能源体系，加强资源节约集约循环高效利用，提高能源资源安全保障能力”。锚定“双碳”目标任务，统筹能源转型发展和安全保障，大力实施可再生能源替代，持续优化调整能源结构，加快形成新质生产力，是新时代能源高质量发展的必由之路。

抽水蓄能电站作为当前技术最成熟、经济性最优、具备大规模开发条件的绿色低碳清洁灵活调节电源，对于维护电网安全稳定运行、建设新型电力系统具有无可替代的支撑作用。我国抽水蓄能电站发展始于20世纪60年代，中国华电集团有限公司（以下简称“中国华电”）岗南水电站1968年抽水蓄能机组投运，成为我国第一座混合式抽水蓄能电站，奠定了抽水蓄能发展基础。进入21世纪，抽水蓄能发展加快，相继建设了天荒坪、泰安、惠州等一批具有世界先进水平的大型抽水蓄能电站，形成较为完备的规划、设计、建设、运行管理体系。党的十八大以来，国家发展和改革委员会、国家能源局陆续出台了《关于促进抽水蓄能电站健康有序发展有关问题的意见》《关于完善抽水蓄能电站价格形成机制有关问题的通知》《抽水蓄能中长期发展规划（2021—2035年）》等文件，促进了抽水蓄能电站的健康发展，形成了新一轮的建设高潮。发展抽水蓄能，是推动能源高质量发展的必然要求，是保障国家能源安全的必然要求，是培育和发展新质生产力的必然要求，是实现碳达峰碳中和重大战略目标的必然要求。截至2023年底，我国在运抽水蓄能装机容量5064万kW，核准在建抽水蓄能装机容量超1.58亿kW，核准、在建容量均位居世界首位。

中国华电弘扬百年石龙坝水电精神（1912年投产），先后开发建设了乌江、北盘江、金沙江中游、金沙江上游等大型流域水电项目，积累了丰富的水电开发建设管理经验。深入贯彻落实习近平总书记关于精品工程建设的重要指示精神，从"优质、创新、绿色、效益、数字、廉洁"六个维度开展精品工程创建，打造了一批行业领先、国内一流的水电精品工程。2022年建成投产的福建周宁抽水蓄能电站，又探索积累了抽水蓄能电站建设经验。中国华电坚持问题导向，筑牢精品工程建设理念，结合水电建设规律和抽水蓄能电站特点，组织编写了《中国华电集团有限公司抽水蓄能电站开发建设实用手册》，旨在帮助指导和提升抽水蓄能电站高质量建设水平，为建设管理人员提供实用型管理工具。

本手册将抽水蓄能电站全过程开发建设按照前期准备、工程建设实施、生产准备与经营筹划三篇分别进行了介绍，主要内容包括项目前期工作、工程开工准备、工程建设策划、技术服务单位工作内容及管理、工程建设管理、竣工阶段专项工作、竣工阶段验收工作、生产准备工作、融资方案、税务筹划、电价落实共十一章，涵盖了抽水蓄能电站开发建设的全过程，并附有国内典型抽水蓄能电站特征参数、项目公司工程建设管理制度建议清单等。

在本手册的编写过程中，得到了中国华电所属福建公司、乌江公司、金上公司、西藏公司、云南公司、黔源公司和四川公司等多个直属单位的大力支持，在此表示感谢。

中国华电集团有限公司工程建设部

2024 年 7 月

目　录

第二篇　工程建设实施篇

第一篇
前期准备篇

项目前期和施工准备阶段工作是抽水蓄能电站开发建设的重要环节，直接影响项目决策、项目投资、综合效益和工程总进度。本篇分为三章，主要是对抽水蓄能电站项目前期工作主要内容、工程策划及施工准备阶段需开展的主要工作等进行阐述，用于指导和规范抽水蓄能电站项目前期和施工准备阶段工作。

福建周宁抽水蓄能电站全景（总装机容量 120 万 kW）

福建周宁抽水蓄能电站上水库夜景

云南石龙坝水电站（中国第一座水电站，总装机容量 0.736 万 kW）

云南石龙坝水电站发电机

第一章　项目前期工作

项目前期工作主要包括选点规划、预可行性研究、可行性研究、项目核准和履行投资决策程序等环节，按照《中国华电集团有限公司电力项目前期工作管理办法》执行。

第一节　选点规划

选点规划工作由国家能源局统一负责管理，按照“国家主导、统一组织、多方参与、科学决策”的原则开展。选点规划目的是通过对不同站点开展综合技术、经济分析比较，选出优质站点，提出规划站点推荐意见，报请国家能源局审查，列入国家批准规划站点范围。

集团各区域公司应力争获得优质抽水蓄能电站站点的开发权，主动参与本区域抽水蓄能电站的选点规划工作，协助省级能源主管部门、设计单位开展选点规划与报批，争取列入国家批准规划站点范围，为获取项目开发权和项目核准创造有利条件。

第二节　预可行性研究

预可行性研究阶段主要工作是委托有关单位开展项目预可行性研究设计，报请水电水利规划设计总院（以下简称“水电总院”）审查并获得批复。

一、预可行性研究目的

预可行性研究是对拟建抽水蓄能电站项目的建设必要性、技术可行性与经济合理性进行初步研究，目的是以相对较小的代价，把水文、地质、环保、移民等方面可能制约工程建设的主要因素识别出来，避免前期一次投入过大但项目因技术问题最后无法建设给国家和企业带来较大的损失。预可行性研究报告应提出初步评价，以便确定该工程建设项目能否成立。

二、预可行性研究主要内容

（1）根据电力系统发展规划，地区和社会发展要求，初步论证工程建设必要性，基本确定综合利用要求，提出工程建设任务。

（2）收集水文、气象资料和进行必要的水文勘测，基本确定主要水文参数。

（3）了解区域地质、地震、水库和枢纽工程地质条件，进行勘测和试验，初步评价影响工程的主要地质条件和问题，初选代表坝址、厂址。

（4）初选工程规模、代表坝型和主要建筑物型式，初选工程总布置。

（5）初选施工导流、对外交通、水电供应、建筑材料、施工方法、施工总布置和总进度。

（6）初选机组、电气主接线、主要机电设备、金属结构的型式和布置。

（7）进行水库淹没实物指标和工程环境影响的调查，初步分析移民安置环境、容量和安置去向。

（8）估算工程投资，提出资金（包括内资和外资）筹措的设想。

（9）测算上网电价，进行初步的财务评价和经济效益分析，提出工程能否立项的意见。

第三节　可行性研究

可行性研究阶段主要工作是委托开展可行性研究设计和各相关专题研究，并组织报审报批，争取项目核准批复。

一、可行性研究目的

可行性研究是在抽水蓄能电站项目选点规划、预可行性研究报告经审批同意后，对项目建设的必要性、可行性、建设条件等进行充分论证，并对项目的建设方案进行全面比较，做出项目建设在技术上是否可行、在经济上是否合理的科学结论。

可行性研究是抽水蓄能电站工程建设设计阶段的一个重要步骤，对项目提出正式评价，经国家或省级主管部门审查通过后，作为项目申请报告编制的主要依据，也作为项目最终决策和进行招标设计的依据，是金融机构同意贷款、电网企业同意购电的决定性条件。

二、可行性研究主要内容

（1）复核工程任务和具体要求，确定工程规模，明确运行要求。

（2）复核确定水文成果。

（3）复核区域构造稳定，查明水库和建筑物工程地质条件，提出评价和结论，选定站址、坝（闸）址、厂址。

（4）复核工程的等级和设计标准，确定工程总布置、主要建筑物的轴线、线路、结构型式和布置、控制尺寸、高程和工程量。

（5）确定电站装机容量，选定机组型号、单机容量、单机流量和台数，确定接入电力系统的方式、电气主接线、输电方式、主要机电设备选型和布置，选定开关站，确定建筑物的闸门、启闭机等型式和布置。

（6）提出消防设计方案与主要消防设施。

（7）选定对外交通方案、施工导流方式、施工总布置和总进度、施工方法和主要施工设备，提出天然（人工）建筑材料、劳动力、供水和供电的需要量及其来源。

（8）确定水库淹没、工程占地的范围，核实淹没实物指标，提出淹没处理、移民安置规划和设计概算。

（9）提出环境保护措施设计，报政府环保部门审批。编制水土保持方案。

（10）拟订工程管理机构，人员编制及生产生活设施。

（11）编制工程设计概算，利用外资的工程应编制外资概算。

（12）复核经济评价。

第四节　项目核准

依据国务院《关于发布政府核准的投资项目目录（2016年本）的通知》要求，抽水蓄能电站项目须报送省级政府有关核准机关核准。抽水蓄能电站项目具备落实核准条件后，直属单位应按照各省相关规定和集团公司相关要求履行项目核准申报相关程序。

2022 年是历年来核准规模最大的一年，年度核准规模超过之前 50 年的投产总规模，核准抽水蓄能电站 48 座，总装机规模达 6889.6 万 kW。

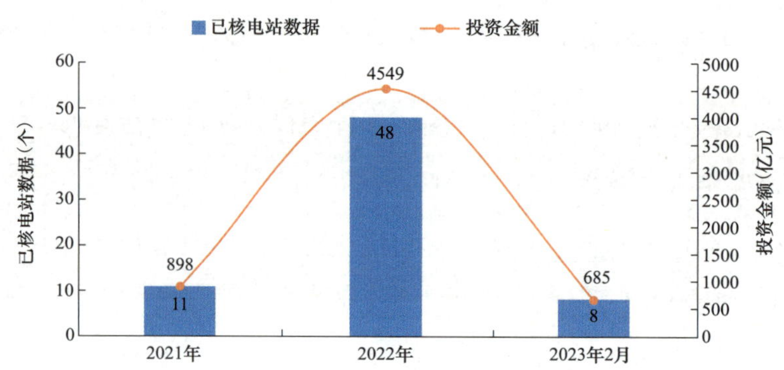

2021 年至 2023 年 2 月中国已核准抽水蓄能电站项目情况统计图

项目核准申报审批流程如下：

（1）项目公司编制项目核准申请（包括可行性研究报告、各专题报告及相关部门审核批复意见等支撑性材料）上报直属单位。

（2）直属单位对项目核准申请及支撑性材料进行审核后，向集团公司上报项目核准申请。

（3）集团公司对项目核准申请及支撑性材料进行审核后，批复直属单位。

（4）项目公司根据集团公司批复意见，向省级投资项目评审中心报送项目评估申请。

（5）省级投资项目评审中心组织召开评估会议，下达评估意见。

（6）项目公司向省级能源主管部门上报项目核准申请报告及支撑性材料。

（7）省级能源主管部门对项目进行核准批复。

第五节　投资决策

根据《中国华电集团有限公司投资管理办法》相关要求，抽水蓄能电站项目实施前须开展投资决策工作。投资决策是抽水蓄能电站项目开发建设过程中的一个重要节点，投资决策通过前属于项目前期阶段，投资决策通过后项目开始实施则标志着项目进入工程建设阶段。

项目投资决策主要审核投资的必要性、可行性、经济性、合法合规性和相关边界条件。抽水蓄能电站项目在完成预可行性研究和可行性研究，取得核准批复文件，主要决策边界条件及配套工程条件基本落实后开展投资决策工作。直属单位应按照《中国华电集团有限公司投资管理办法》要求履行抽水蓄能电站项目投资决策程序。

工程投资决策后，项目单位可启动施工准备阶段相关招标采购工作。对于重大或战略性抽水蓄能电站项目，根据发展需要，在完成前期立项和可行性研究报告评审后，经集团公司工程建设部研究同意后可开展主设备和施工预招标，投资决策通过后生效实施。

第六节　重点关注事项

（1）集团公司下属企业为了能够获得优质抽水蓄能电站站点的开发权，应主动介入参与选点规划工作，协助省级能源主管部门、设计单位开展选点规划与报批，这样有利后期项目站址与开发。

（2）抽水蓄能电站选点规划的过程，是争取项目开发权意向的关键环节之一，项目公司应主动加强与地方政府的沟通协调，通过宣传企业发展规划、站点规划协助配合、签订战略合作协议等方式，争取项目开发意向。

（3）生态环境问题是站点选择首要重点考虑的问题，特别要避开生态红线区和名胜风景区、基本农田保护地，同时还要考虑上、下游对已建水利水电工程的影响。

（4）应持续做好与地方政府的沟通、协作，做好站址的巡查保护工作。

（5）抽水蓄能电站长探洞探测结果是三大专题评审的前置条件，应尽早开展。

（6）可行性研究阶段的23个专题中，三大专题（枢纽布置格局比选专题、正常蓄水位选择专题、施工总布置规划专题）是重中之重，应尽早开展，抓紧报批。

（7）县政府下达“封库令”后，应督促各方抓紧完成实物指标调查相关工作。

吉林靖宇抽水蓄能电站（总装机容量 180 万 kW）

乌江构皮滩水电站一（混凝土双曲拱坝，总装机容量 300 万 kW）

乌江构皮滩水电站二（混凝土双曲拱坝，总装机容量 300 万 kW）

乌江洪家渡水电站（混凝土面板堆石坝，总装机容量 60 万 kW）

第二章　工程开工准备

项目投资决策后，项目公司应及时组织开展工程建设实施相关准备工作。施工准备工作主要包括：取得用林用地等批复文件，开展移民安置、四通一平、主要临建设施和施工辅助工程建设、工程相关策划、主体工程招标采购工作、编制主体工程实施申请报告等。

第一节　项目组织机构

投资项目前期立项后，直属单位根据项目发展需要，可研究成立项目公司，并报集团公司备案。项目公司通常设置办公室、人力资源部、党建工作部、工程管理部、机电物资部、安全环保部、计划发展部、财务资产部、纪检监察部等部门负责项目建设。项目公司成立后，须编制岗位责任、岗位规范和各项规章制度。建议制度清单见附录 1 。

第二节　用林用地

抽水蓄能电站项目用林、用地规模较大，报批工作政策性强，应在预可研阶段提前做好用林用地前期策划，严格履行报批程序，严格依法依规取得建设用地、科学合理使用。

一、用林用地策划

用林用地前期策划，将直接影响用林用地报批工作进程。在项目预可选址拟订建设征地红线范围阶段，项目公司应会同设计单位、自然资源、林业等部门，重点核实拟订的建设征地红线范围内是否涉及生态保护红线、永久基本农田、湿地公园、风景名胜区、矿产资源等影响用林用地报批的制约性因素问题；提前考虑并落实好生态林地调整、耕地占补平衡指标等重点问题。

项目公司还应全面、熟悉掌握用林用地报批程序，合理编排使用林地和建设用地组卷、审批跟踪、税费缴纳等各节点工作，充分做好用林用地报批前期工作策划。

二、用林用地报批

（1）工程使用林地，是指在林地上建造永久性、临时性的建筑物、构筑物，以及其他改变林地用途的建设行为。根据《中华人民共和国森林法》《中华人民共和国森林法实施条例》和《建设项目使用林地审核审批管理办法》及地方性等法律法规，工程建设使用林地应报批，需注意以下方面内容：

1）使用林地通过审核是办理建设用地审批手续的前提。工程使用林地报批委托设计单位开展林地可行性调查，并编制《林地可行性报告》《植被恢复方案》等。使用林地报批程序复杂、时间跨度长，为保障工程建设依法依规用林，项目公司应提前策划、提前开展使用林地报批工作，在完成选点规划确定建设项目用地红线范围后，及时委托设计单位开展使用林地可行性调查和报告书编制工作。

2）使用林地组卷报批前，应提前核对林业调查数据库，核实抽水蓄能电站选点用地范围内是否涉及生态保护红线、风景名胜区、湿地公园、古树名木、生态林等影响使用林地审批的因素，必要情况下应提前开展调整工作。

3）使用林地报批应严格按照县、设区市、省或直辖市、国家等审批层级申报。占用或者征收、征用防护林地或者特殊用途林地面积 $10hm^2$ 以上的，用材林、经济林、薪炭林林地及其采伐迹地面积 $35hm^2$ 以上的，其他林地面积 $70hm^2$ 以上的，由国务院林业主管部门审核；占用或征收、征用林地面积低于上述规定数量的，由省、自治区、直辖市人民政府林业主管部门审核。

4）临时占用林地期限不得超过两年，确需继续占用应办理延期手续，占用期满后必须恢复林业生产条件，并归还村集体。由于工程建设年限长，相应用地时间也较长，临时占用林地审批和延期管理较为复杂，征地补偿费和报批有关税费等成本不比永久用地低，工程建设应尽可能少占临时林地。

（2）建设占用土地，涉及农用地转为建设用地的，应当办理农用地转用手续。根据《中华人民共和国土地管理法实施条例》《建设用地审查报批管理办法》有关规定，在开展建设用地报批工作中，应注意以下几个方面内容：

1）建设项目选点规划用地红线范围应当符合土地利用总体规划。

2）核实项目选点规划用地红线范围是否涉及生态保护红线、风景名胜区、湿地公园等影响建设用地报批的制约性因素，在未调整到位之前，将无法取得建设用地批复，直接影响工程开工建设。

3）落实被征地农民养老保障资金是建设用地审批的前置条件（一般建设项目与省重点建设项目的预留缴纳标准不同），项目公司应严格按照社会保障规定，足额缴纳被征地农民养老保障资金，并取得人社部门的书面意见。

4）建设用地报批相对使用林地报批用时更长，按照建设用地审批要素要求，可同步启动建设用地报批、使用林地报批组卷工作。

5）项目公司、设计单位应全面考虑工程建设用地需求，尽可能一次性办理建设用地审批手续，若需分期申请建设用地，应在可行性研究项目申请核准阶段提出分期方案。

6）为保护耕地资源，工程建设应尽可能不占用或少占用耕地，确实需要的，必须落实好耕地占补平衡指标。耕地占补平衡指标是农用地转为建设用地审批的制约性因素，项目公司在开展建设用地报批前应协调地方政府或上级自然资源部门，落实耕地占补平衡指标。

有关规定中虽有明确耕地占补平衡指标由地方政府负责落实，但往往很多地方为了区域发展，将耕地占补平衡指标用于地方性建设项目上，没有能力为其他建设项目实现占一补一，且规定中没有明确这项费用由谁来承担。对此，可行性研究阶段应将耕地占补平衡指标费用等同耕地占用税、森林植被恢复费等计列移民安置概算。

7）规定临时用地有效期限不得超过两年，确需继续使用应通过原审批机关办理延期手续，延期一次后需再继续使用的，需向省级自然资源部门提出。临时用地使用期满后，必须严格按照土地复垦要求，经验收合格后归还村集体管理。

由于临时用地审批、延期手续办理较为繁杂，特别是临时用地使用期满后的土地复垦技术要求高、实施难度大，相应土地复垦成本也非常高。因此，建议项目尽可能少占用临时用地。

8）建设用地报批应严格按照市、县（区）、省或直辖市、国家部委等审批层级申报。征收基本农田、基本农田以外的耕地超过 35hm^2 的、其他土地超过 70hm^2 的，由国务院批准；规定以外的土地的，由省、自治区、直辖市人民政府批准。

第三节 移民安置

一、与地方政府签订移民安置协议

工程建设征地移民安置工作实行“政府领导、分级负责、县为基础、项目公司参与”的管理体制要求，在项目建设征地移民安置规划实施前，项目公司根据经批准的移民安置规划，与移民区和移民安置区所在的省人民政府或市、县（区）人民政府签订移民安置协议。

二、移民安置工作实施

（1）根据《中华人民共和国土地管理法》《中华人民共和国森林实施法》和《大中型水利水电工程建设征地补偿和移民安置条例》（国务院令第 679 号）等法律规范要求，移民安置工作包括实物指标调查、移民安置大纲、移民安置规划报告编制以及移民安置的实施、验收等。

移民安置规划大纲和规划报告需按集团公司相关制度要求及时报备。

（2）移民安置规划。移民安置规划流程：施工总布置通过审查→申请“封库令”→发布“封库令”→编制实物调查细则→实物调查细则通过审核→开展实物指标调查→实物指标成果公示→地方政府确认实物成果→实物调查报告→移民安置规划大纲→省移民机构审查→移民安置大纲批复→编制移民安置规划报告→省移民机构审查→移民安置规划报告批复。经移民主管部门审核的移民安置规划是指导建设征地补偿和移民安置实施的纲领性文件。

（3）移民安置实施：项目核准开工后，移民安置实施机构按照批准的移民安置规划，有组织、有计划、有目标、有步骤地进行项目建设、人员搬迁与安置等活动。

1）项目公司应根据工程建设要求和移民安置规划，每年年底向与其签订移民安置协议的地方人民政府提出下年度移民安置计划建议。该计划需明确工程建设年度计划目标及移民安置任务，并详细提出年度内各时间节点移民安置任务要求。

2）签订移民安置协议的地方人民政府根据移民安置规划和项目公司的年度移民安置计划建议，在与项目公司充分协商的基础上，组织编制并下达本行政区域的下年度移民安置年度计划，该计划需报备省级移民管理部门。

3）移民安置资金实行专户存储、专账管理、专款专用。为规划移民安置资金审批、拨付流程，最大限度发挥资金管理效益，确保移民安置资金预拨付满足移民安置工作进度要求，项目公司根据批准的移民安置规划和移民安置年度计划，结合移民安置实施进度，对其签订移民安置工作协议的地方人民政府提出的阶段性资金需求进行审核，并经综合设代、监督评估单位审核并签署意见后，项目公司方可拨付征地补偿和移民安置资金，确保移民安置账户不沉淀大额资金，不发生“僵尸”资金。

三、综合设代和监督评估

根据《大中型水利水电工程建设征地补偿和移民安置条例》（国务院令第679号）规定要求，综合设代、监督评估、项目公司、移民安置实施机构等单位是移民安置规划实施的重要组成部分，缺一不可。

（一）综合设代

移民安置综合设代由电站设计单位承担，主要负责开展移民安置工作前对规划阶段内容需与有关各方进行技术交底，在实施过程中全过程参与征地移民安置技术指导工作，为征地移民安置工作的顺利开展提供技术支撑，项目公司在移民安置规划实施前应通过招投标方式确定综合设代单位。

（二）监督评估

移民安置监督评估是指具有技术能力的移民安置监督评估单位，按照监督评估合同（或协议）的约定，对移民安置规划实施全过程的移民搬迁进度、移民安置质量、移民资金的拨付和使用情况，以及移民生活水平的恢复情况等各方面进行监视、检查、督促和分析活动。

（1）移民安置监督评估工作应严格执行《水利水电工程移民安置监督评估

规程》（SL 716—2015）。

（2）签订移民安置协议的地方人民政府和项目公司应当采取招标的方式，确定具有相应资质等级的移民安置监督评估单位，并依法签订移民安置监督评估单位。

（3）在选择移民安置监督评估单位时，应考虑移民安置监督评估单位委派进驻项目现场的监督评估师的资质、协调能力和工作水平等。在条件允许情况下，尽可能选择对当地情况、风土民情较为熟悉的监督评估师。

（4）移民安置规划实施过程中，移民安置监督评估单位应当向委托方提交移民安置年度计划实施情况监督评估报告；移民安置达到阶段性目标，移民安置监督评估单位应提交阶段性移民安置监督评估报告；移民安置工作完毕后，移民安置监督评估单位应提交移民安置监督评估总报告；移民安置监督评估报告是开展移民安置验收的基本依据之一。

四、移民安置关注重点

（1）项目公司应提前协调项目所在地县级人民政府落实耕地占补平衡指标、生态公益林地等影响项目建设用地报批的重要因素。

（2）为避免不必要的移民安置投资发生，项目规划阶段，项目公司应加强与地方政府的沟通协调，详尽明确移民安置实施管理费，移民安置项目及其等级、规模和投资等相关内容，控制实施过程中提出这样或那样的附加条件，如：增加工作经费、增加基础建设、扩大征地范围、提高复建规模等。

（3）鉴于临时用地征用补偿、用地报批成本高，且临时用地使用有效期短，又难以满足水利水电工程长周期建设要求，规划阶段尽可能减少划定临时用地。

（4）项目前期应充分考虑征地移民工作实施阶段的复杂性、艰巨性和不可预见性，项目公司、设计单位、地方政府共同做好移民安置投资概算分析，确保移民安置投资总体不突破。

（5）征地移民工作进度将直接影响工程建设，项目公司按照早计划、早部署、早实施的要求，与地方人民政府签订移民安置工作协议，尽可能做到完全供地的情况下进场施工，努力实现工程施工无障碍。

（6）交通、电力、通信、工矿企业等专项复建完工后，临时用地完成复垦后，项目公司应尽快组织或督促验收并做好移交工作。

（7）项目公司应密切关注生态保护红线划定工作，阶段性进行核对，以防已获批复的建设用地被有关部门划入生态保护红线范围。

第四节　四通一平

施工准备阶段，项目公司须组织开展项目“四通一平”相关工作，为主体工程开工建设创造必要条件。

项目通过投资决策，基本落实施工区征地、移民、环水保等项目前期主要边界条件并取得地方政府的相关许可，可组织开展“四通一平”等施工准备阶段的招标采购工作。为确保现场施工顺利推进，根据招标采购相关经验，各标段招标采购工作宜在现场施工前 2 ～ 3 个月组织开展（具体分标原则见第三章第二节）。

一、施工供水

（1）电站建设供水工程主要包括生产用水及生活用水，其中生产用水对水质要求较低，可待施工单位入场后，由其就近自行解决，相关费用列入合同报价中；生活用水对水质要求高，关系到施工作业人员的饮用水安全，项目公司应根据生活营区规划分布情况，提前完成系统性的布置。

（2）电站建设生产用水在满足水质要求前提下，可以由承包商从山溪、水库取水，有条件的地方也可以从地下取水。

（3）当电站离城市饮用水管网较近时，可由项目公司与地方政府协商，从其供水管网引接自来水至规划的各施工营地，并预留好接口；当电站离城市饮用水管网较远或成本过高时，一般由项目公司委托有相关资质的单位进行小型自来水厂的设计及施工，并在主体工程开工前完成水厂及管网的施工工作。

二、施工用电

（1）前期工程的施工用电可利用工程区域附近的 10kV 线路引接至主要作业面。

（2）当工程附近无可利用的变电站时，应提前开展施工变电站的建设，主体工程开工前完成施工变电站建设工作。

（3）主体工程开工前，从施工变电站引出的供电线路应到达各主要工程区域。

三、施工交通

（1）工程的道路分为场外道路及场内道路。场外道路指从附近国道、省道或县道连通至工程区域某个部位的公路；场内道路指从场外道路引接通往上水库、下水库、发电厂房、仓库、营地、渣场及各类加工厂的道路。

（2）当工程的现有道路不满足工程建设时，应首先开展场外道路建设工作。工程的场外公路等级一般按照《公路工程技术标准》（JTG B01—2014）规定的三级或四级公路，也有结合建成后发展旅游考虑选择较高等级路面宽度的。通往上水库、下水库和发电厂房的路段如兼有部分场内运输任务时，应选用《厂矿道路设计规范》（GBJ 22—1987）所规定的场内道路或露天矿山道路相应等级。

（3）场外道路选线应根据公路性质、地形地质条件、技术等级、筑路材料状况以及当地村镇建设和农业发展等综合考虑，应贯彻节约用地、保护水利设施和文物古迹、保护环境等方针，尽量避开城镇、减少干扰，当利用原有公路时应对其技术标准进行充分研究，必要时提出改善措施以满足施工期的运输要求。对外公路连接点，宜选择在干线公路上，与国家公路、城市道路、车站、港口相衔接，具有适合修建对外公路的便利条件，需征得公路主管部门的同意。

（4）工程场内道路是工程施工期间衔接施工对外交通，连接工地内部各工区之间的交通通道。包括为施工需要而布置的临时交通运输线路，如连通各施工区的下基坑道路、地下工程施工支洞，及连接当地材料料场、堆弃渣场、生产及生活区的临时交通；场内永久交通线路如厂房通风洞、进厂交通洞、环库过坝公路和出线场道路等，从用途上也属施工场内交通范围。场内交通应尽量与永久设施相结合以节约工程投资。

（5）由于工程上、下水库高差大，受地形的限制，上水库大部分没有现成的道路可用，应将上、下水库连接公路纳入工程前期工作之中，并在主体工程开工前基本具备通行能力。

（6）工程大件运输通道，应关注沿途公路设施情况，主要考虑工程机电设备最长件（桥机主梁）、最宽件（蜗壳座环）、最重件（主变压器）运输，预估主变压器运输沿途公路、桥梁加固等费用。

（7）其他场内道路的建设根据现场实际情况适时进行，一般在主体工程开工前，通往施工营地的道路基本形成，以方便后续工作的开展。

四、施工通信

（一）通信组成

工程通信应包括施工期通信、厂内通信、对外通信、防汛通信、水情自动测报系统通信、电厂集中调度和集中管理通信等。

（二）通信方式选择

（1）通信方式的选择应进行技术经济比较，所选通信方式应保证通信迅速、准确、安全、可靠地传递各种信息。

（2）施工通信应根据工程区域施工总布置因地制宜、合理地选择通信方式。所选通信方式应保证施工各工作面特别是地下洞室群的通信要求，并宜考虑施工通信与永久通信的结合。

（3）水情自动测报系统通信可选用短波、超短波或卫星等通信方式，也可选用混合组网的方式。

（4）宽带网络通常提前了解工程周边的光纤布设情况，再根据需要与相关网络运营商协商，将光纤引接至各主要施工营区，并设置引接端口。

五、场地平整

（1）工程平整场地主要指各施工营地的场地平整工作，如项目公司和上水库、下水库与地下厂房工程区营地等的场地平整。

（2）前期工程开工后通常首先进行项目公司（含设代和监理）营地及前期标营地布置区域的场地平整工作，其他场平根据工程实际进展情况适时进行。

（3）场地平整区块的分布按照施工总平面布置图进行，其各区块平整的范围不得超出征地红线，场平的规模应与营地、仓库及各类加工厂的实际需求相适应。

第五节　施工准备

抽水蓄能电站项目建设周期长，建设过程中不确定因素多，导致进度管理难度较大，项目公司应充分利用好施工准备阶段，在组织落实“四通一平”的基础上，要根据总进度计划统筹推进主要临建设施和施工辅助工程建设，基本完成导流工程、料场和砂石加工系统、弃渣场、建设管理营地、施工支洞、通风竖井等建设任务，为后续主体工程开工、工程按期投产奠定基础。

一、导流工程

施工导流是为工程创造干地施工条件，按预定方案将河水通过天然河道或泄水建筑物导向在建工程围护区之外的工程措施。

《水电工程施工组织设计规范》（NB/T 10491—2021）中明确，导流工程施工进度应根据确定的施工导流方案，对导流工程的开工、截流、下闸、封堵等日期进行充分论证，对控制首台机组发电的导流工程应细化进度安排，明确度汛面貌，且应与其他准备工程工期相协调。

根据不同的工程特点和导流工程的规模大小，一般将导流工程安排在施工准备阶段建设，当影响工程蓄水或首台机组发电时，导流工程宜尽量提前施工。

导流洞混凝土衬砌

二、料场和砂石加工系统

天然建筑材料的料源应包括工程开挖料和土料场、天然砂砾料场及石料场的开采料。料场选用顺序宜先近后远、先水上后水下、先库区内后库区外，力求高料高用，低料低用，避免或减少上下游物料交叉使用。应采取措施提高工程开挖料直接利用率，提高转存料回采率。因此，料场宜安排在主体工程施工期，与用料部位同期施工。

砂石加工系统以天然砂砾石料场或工程开挖利用料作为料源，为主体工程提供料源。由于砂石加工系统建设需要一定的周期，《水电工程施工组织设计规范》（NB/T 10491—2021）中明确，“场内交通、场地平整、施工工厂设施、生活和生产房屋等宜安排在工程准备期进行，并与主体工程施工进度相协调。”其中的施工工厂设施，就包括砂石加工系统。

砂石加工系统

三、弃渣场

《生产建设项目水土保持技术标准》（GB 50433—2018）要求：“弃渣场应按先拦后弃的原则安排拦挡措施”。弃渣场应在工程土石方开挖之前完成拦挡工作，宜在施工准备阶段进行施工。

四、建设管理营地

《水电工程施工组织设计规范》（NB/T 10491—2021）要求："根据工程建设管理及生产运行管理的需要，施工现场设置建设及运行管理营地、承包商营地和工程管理区。场内交通、场地平整、施工工厂设施、生活和生产房屋等宜安排在工程准备期进行。"

因此，建设管理营地宜在承包商或项目公司进点后尽早完成，施工准备阶段宜尽早安排建设。同时，承包商营地宜统筹规划，可结合现场实际提出相应的建设标准或要求。

五、施工支洞

《水电工程施工组织设计规范》（NB/T 10491—2021）要求："地下工程施工除利用永久洞室和前期地质探洞作为施工通道外，一般需布置施工支洞。施工支洞布置是地下工程施工组织设计的一个重要内容，施工支洞设计需根据地下工程的布置、规模、结构型式、地形地质条件、水文条件、施工方法、施工设备及施工进度等因素，通过技术经济分析后确定。"

因此，施工支洞一般安排在施工准备阶段施工，当影响工程蓄水或首台机组发电时，宜尽早安排施工。

六、通风竖井

通风竖井为地下洞室施工和运行提供良好的空气环境，一般安排在施工准备阶段施工，宜尽早安排施工。

七、招投标工作和施工图设计

抽水蓄能电站项目在履行主体工程实施程序后即可开展主体工程施工，为此，项目公司在施工准备阶段应按照集团公司批复的分标方案组织完成设计、监理和主体施工等标段的招标采购和合同签订工作，以确保工程按计划顺利推进。

同时，项目公司应督促勘察设计单位开展主体工程施工图设计，施工图设计深度至少满足主体工程开工后连续三个月施工需要。

第六节　主体工程实施

根据《中国华电集团有限公司水电工程建设管理办法》规定，抽水蓄能电站项目施工准备工作基本完成，在主体工程开工建设前须履行主体工程实施程序。

一、主体工程实施条件

主体工程实施应具备以下条件（但不限于）：

（1）项目完成可行性研究并取得审查意见。

（2）项目通过投资决策并在投资决策有效期内，投资决策边界条件未发生实质性变化。

（3）项目环境影响报告书、水土保持方案报告书取得行政许可，项目环境保护总体设计和环保水保“三同时”方案完成审查并取得批复。

（4）项目已核准并取得核准批复文件。

（5）取得施工用地、用林合规许可，不存在制约工程建设的因素。

导流洞围堰爆破

（6）导流工程、施工供电、施工供水、场内交通（含施工支洞）、通风竖井、弃渣场、料场和砂石加工系统、建设管理营地等主要施工辅助工程和临建设施基本建成，具备主体工程实施条件。

（7）工程设计单位、监理单位和主要施工单位已经通过招标确定，并签订合同。

二、主体工程实施审批程序

工程具备主体工程实施条件，直属单位完成相关审议流程后向集团公司上报主体工程实施申请。集团公司工程建设部组织研究并提交集团公司总经理办公会审核，根据审核意见批复直属单位。

第七节　重点关注事项

一、绿色施工

（1）抽水蓄能电站建设过程中应始终贯彻落实习近平生态文明思想，深入推进生态环境保护，尽可能减少开挖和树木砍伐，所需物料应优先考虑使用满足质量要求的开挖渣料，并做好表层根植土的存放。

（2）抽水蓄能电站地下洞室群多，开挖料多，工程填筑所需物料尽量采用来自工程开挖利用料；宜采用库内料场，可增加相应的库容；应重点做好土石方平衡规划，做好土石方挖填总量平衡及动态调配分析，以开挖利用量满足工程填筑需要，且略有富余较为合适。在充分有效使用有用料的基础上，科学安排有用料、无用料分区堆存；以避免后续因渣场容量不足，而造成有用料与无用料混堆情况的发生。

（3）工程开工前，应提前征好渣场用地，渣场堆渣前做好渣场挡护及截排水设施。

二、上水库工程

（1）上水库工程区相对海拔较高，一般植被覆盖率较高，工程开工前除提前做好征地移民工作外，应重点关注清理工作。

（2）上水库受地形限制，一般无现成道路通往对外公路，为避免影响上水库的整体施工进度，在前期工程施工时应打通上水库与主要对外通道间的连接路，为后续的上水库工程施工打下基础。

三、水库防渗

水库防渗一般分为垂直防渗、表面防渗及综合防渗等三种型式。

1. 垂直防渗

在抽水蓄能电站的建设中，垂直防渗是一种较为常用的库盆防渗型式。一般来说，当工程区地质条件相对优良，水库仅存在局部渗漏问题，渗漏问题不太突出，断层及构造带不太发育，且无严重的库岸稳定问题时，尽可能采用垂直防渗方案，以节省造价。

2. 表面防渗

表面防渗适用于水库库盆地质条件较差，库岸地下水位低于水库正常蓄水位，断层、构造带发育，全库盆存在较严重渗漏问题的水库，防渗型式多种多样。表面防渗型式主要包括钢筋混凝土面板、沥青混凝土面板、土工膜和黏土铺盖防渗等。

3. 综合防渗

一些抽水蓄能电站的库盆采取两种或两种以上防渗型式的组合称为综合防渗。在选择综合防渗方案时应进行较全面的对比分析，比如防渗方案是否可靠，施工设备、施工工序的不同、施工干扰对施工工期的影响，防渗体系中不同材料接合部位的防渗可靠性，工程投资合理性等。通过分析对比，合理选择防渗方案。

四、厂房工程

抽水蓄能电站由于水泵工况空化特性的要求，蓄能机组需要具有很大的淹没深度，因此多采用地下厂房。尾水隧洞段正压力不大，但容易产生负压；根据选定的厂房位置至下水库进出水口的距离，计算出隧洞纵坡，如果坡度大于施工允许的坡度，则立面布置选用竖井或斜井方案；根据过渡过程计算成果复核是否需要设置尾水调压井。

地下厂房存在洞室密集、洞室跨度大、施工难度大等特点。一般地下厂房均设置通风洞及进厂交通洞，为便于地下厂房系统的全面施工，在主体工程标进场前需完成通风洞及进厂交通洞的开挖支护施工。

五、征地移民

征地移民工作应重点关注以下几个方面工作：

（1）项目公司应提前协调项目所在地县级人民政府落实耕地占补平衡、生态林地等影响项目建设用地报的重要因素。

（2）鉴于临时用地征用补偿、用地报批成本高，且临时用地使用有效期短，又难以满足水利水电工程长周期建设要求，建议规划阶段尽可能减少划定临时用地。

（3）项目前期应充分考虑征地移民工作实施阶段的复杂性、艰巨性和不可预见性，项目业主、设计单位、地方政府应共同认真做好移民安置投资概算分析，确保移民安置投资总体不突破。

（4）征地移民工作进度将直接影响工程建设，建议项目公司按照早计划、早部署、早实施的要求，与地方人民政府签订移民安置工作协议，尽可能做到完全供地的情况下进场施工，努力实现工程施工无障碍。

六、机组选型

抽水蓄能电站机组前期选型应重点关注以下几个方面：

（1）水头变幅：最高扬程与最低水头的比值，该数值越大，提高了水泵水轮机水力开发难度，当该数值达到一定程度后，可能无法完成水泵水轮机的水力开发，选型方案可能不成立。因此前期选型时水头变幅不宜过大。

（2）额定转速：一般以比转速来衡量转速选择是否合适，比转速是反映机组的参数水平和经济性的一项综合参数，比转速的高低，反映了机组的参数水平和经济性。比转速选择需要符合一定的统计规律，不宜过高，过高将会带来空化、稳定性等问题，因此前期选型转速需要合理。

（3）安装高程：转轮的空化系数与水泵水轮机的比转速成正比，随着比转速的增大，转轮的空化系数也增大，相应的淹没深度加大。淹没深度越大，电站的土建投资越大。抽水蓄能电站安装高程的选择必须保证电站无空化运行，同时安装高程的选择还需要考虑满足过渡过程的需求。

（4）额定水头：水轮机工况额定水头直接关系到水泵水轮机运行的稳定性和机组尺寸。由于水泵水轮机是以水泵工况为主进行设计的，由于二者固定的水力关系，造成水轮机工况运行在最优单位转速之上，当额定水头越高，水轮机工况的运行范围就会越靠近最优效率区，越有利于水泵水轮机组参数的优化和运行稳定性的提高，另外，额定水头越低，则需要的水轮机单位流量越大，相应的泵工况流量变大，容易引起水泵入力过大，造成水轮机出力和水泵入力不匹配，因此额定水头选择需要合理。

（5）电磁选型（支路数）：根据额定电压等级，定子支路数的选择（是否采用不对称支路，如采用对称支路是否采用 7 支路）。

（6）电磁选型（槽电流，电负荷）：槽电流与电负荷的选择，以及对发电机发热、电气参数的影响。

（7）发电机结构型式：采用半伞式机组还是悬式机组。

（8）定子选型：定子冲片牌号选择，定子铁芯绝缘方式（是否采用全绝缘螺杆）。

（9）定子线棒：绝缘工艺的选择（VPI 还是多胶模压）。

（10）转子选型：采用三段轴结构还是一根轴结构。

（11）转子磁极：采用向心磁极或其他形式。

（12）转子磁轭：采用叠片式磁轭还是刚性磁轭。

（13）轴承选型： 推力轴承与导轴承采用分体轴承还是组合轴承。

（14）轴承瓦材质：采用塑料瓦还是巴氏合金瓦。

（15）轴承润滑方式：采用内循环还是外循环，如外循环，采用外加泵外循环还是自泵外循环。

陕西佛坪金水河抽水蓄能电站（总装机容量 140 万 kW）

乌江思林水电站（碾压混凝土重力坝，总装机容量 105 万 kW）

乌江沙沱水电站（碾压混凝土重力坝，总装机容量 112 万 kW）

第三章　工程建设策划

第一节　总进度计划安排

一、施工进度分析

（一）施工总进度

施工总进度应根据工程特点、工程规模、技术难度，依据施工组织管理水平和施工机械化程度合理安排，国内部分抽水蓄能电站工期见附录2，抽水蓄能电站一般以地下厂房顶拱开挖作为主体施工期节点和关键线路。

控制工期的关键线路：承包人进点→厂房上部开挖→岩锚吊车梁施工→厂房中下部开挖→桥机安装及调试→首台机组肘管安装→首台机组肘管、蜗壳基础混凝土浇筑→首台机组蜗壳安装及水压试验→首台机组蜗壳、机墩、发电机层混凝土浇筑→首台机组安装→首台机组调试、试运行→后续机组机调试、试运行。

（1）承包商进点至主体（厂房顶拱开挖）工程开工，完成场地平整、场内交通、导流工程、施工工厂及生产生活设施等工程项目建设。

（2）主体工程施工至第一台（批）机组发电或工程开始产生效益，主要完成永久挡水建筑物、泄水建筑物和引水发电建筑物等土建工程及其金属结构和机电设备安装调试等主体工程施工。

（3）第一台（批）机组投入运行至工程完工，主要完成后续机组的安装调试，挡水建筑物、泄水建筑物和引水发电建筑物的剩余工作。

（二）抽水蓄能电站与常规电站比对分析

抽水蓄能电站工程以主厂房顶部开始开挖时间作为主体工程开工节点，地下厂房尾水管第一方混凝土浇筑开始计算安装工期。其发电和抽水两种主要运行方式，在两种运行方式之间又有多种工况的转换，客观上存在设备设施多、技术要求高、管理难度大等特点。常规水电机组安装一般为 24 个月，抽水蓄能电站首台机组安装工期一般为 32 个月。由于机组比常规机组工况多，尤其是水泵工况启动需采用静止变频启动装置（SFC）启动，启动调试工作复杂费时；抽水蓄能电站整组调试时间一般为 90 天，常规水电站约 15 天；抽水蓄能电站试运行考核期为 15 天，常规水电站为 72 小时，需要为调试预留充足时间。

二、工程总进度计划和重大里程碑节点

（1）工程建设总进度计划严格按照可研报告审定工期进行编制，是集团公司对项目总进度的考核依据，在执行过程中，审定工期如有重大调整须履行重大设计变更审批程序。

（2）各重大里程碑节点计划严格按照工程建设总进度计划制订，随同主体工程实施申请一并上报集团公司备案。

重大里程碑节点一般应包括：主河床截流、大坝开始施工、地下厂房顶拱层开挖、厂房发电机层交面、下闸蓄水、首台机组投产发电、后续机组投产发电等。

工程截流仪式

第二节　分标策划

施工准备阶段，直属单位须做好项目分标策划工作，组织编制分标方案并上报集团公司审查。分标方案主要包括：工程概况，分标规划依据，分标原则，施工、设备（货物）、咨询服务、环水保等标段的分标方案（包括标段划分理由）及采购计划、采购方式等。

一、分标原则

标段划分是工程建设管理系统工程中的一个重要环节，应根据工程各方面条件，综合考虑工程施工规模，结合技术、经济条件，详见附录3国内部分已建、在建抽水蓄能电站主要工程指标表，综合比较分析后做出标段划分安排。标段划分合理可以充分发挥竞争优势，择优选择承包人，减少施工干扰和管理工作量，减少“推诿扯皮”现象，有效推进工程建设，实现预定计划工期。分标原则主要考虑：

（1）有利于保证关键控制线路上项目施工科学衔接，关键路线上的施工资源投入（机械设备、技术人员等）能得到充分保证，能够充分发挥承包人组织能力和技术优势。

（2）工程施工准备阶段规划的建设项目，应确保按期完工，尽早投入使用。根据电站工程特点，可将部分布置相对独立、影响主体工程开工工期的工程项目安排在施工准备阶段内施工。

（3）各标段工程施工范围和施工场地应相对独立，各标段界面划分清晰，责任、义务明确。

（4）引水系统主要以斜井（竖井）施工为重点，其导井开挖、钢管制作安装及滑模施工是技术复杂、施工难度较大的分项项目，且施工中通风、散烟及测量放样相对困难，因此，工程分标时应充分考虑引水斜井施工的专业特性。

（5）应有利于工程的土石方平衡，挖、填关系密切的项目应尽可能置于同一标段内。为降低工程临建设施的费用，工程分标应尽可能有利于减少生产辅助设施的重复设置。

（6）安全监测、环保水保、消防系统、试验室、检测中心（物探、金属结构）

专业性较强，宜独立成标。混凝土内预埋件、预埋管路列入相应的结构混凝土工程施工标。

二、工程勘察设计

抽水蓄能电站项目立项后，其勘察设计工作主要有预可行性研究、可行性研究、招标设计及施工详图设计等四个阶段，其中预可行性研究和可行性研究属于项目前期阶段的勘察设计工作，招标设计、施工详图设计属于工程建设过程的勘察设计工作。

抽水蓄能电站项目一般可采取两种招标方式明确勘测设计单位，一是勘察设计招标按照“1+3”原则确定设计单位（即预可研阶段单独招标，可研、招标设计、施工详图三个阶段合并招标，分阶段签订合同）；二是四个阶段的勘察设计工作单独或者组合招标，本阶段设计工作在前阶段设计成果的基础上开展，项目公司须将前阶段的所有设计成果提供给本阶段勘察设计单位。

设计主要工作内容：工程从施工准备阶段、建设实施阶段、竣工验收阶段（含达标创优）整个过程勘察、设计、常规科研试验项目研究，设备、材料采购、建筑与安装工程招标文件与招标工程量清单、技术规范书编制，工程建设全过程现场设代服务，竣工图编制等。

（一）招标设计主要工作内容

（1）完成本阶段的工程勘察、设计、科研工作，编制施工规划报告及工程分标规划报告。

（2）提供本阶段常规科研试验项目的成果报告和建议，项目公司拟外委试验项目清单及工作任务书。

（3）完成所有设备、材料采购、建筑、安装工程招标文件，招标工程量清单，技术规范书编制。

（4）提供工程总图纸目录、提供设备清册。

（5）参加本阶段的设计联络会、技术协调会、技术交流会、方案分析会、专题咨询会等与设计有关的技术会议，并提供相应会议所需的有关资料。根据项目公司的要求参加招标、评标、合同谈判及其他配合工作。

（6）根据工程需求提供符合规程规范要求的比例为 1:1000 ～ 1:2000 测绘资料，局部位置提供比例为 1:500 的测绘资料；地质勘测成果。

（7）提交本阶段的主要设计成果和专题报告。

（二）施工图设计主要工作内容

（1）完成本阶段项目所有施工图图纸设计工作。

（2）根据《水力发电工程地质勘察规范》（GB 50287—2016）要求，开展施工图设计阶段的地质勘察工作。实施整个施工阶段地质编录，做好现场地质素描，根据施工开挖过程中揭露的地质情况和优化设计的需要进行必要的补充勘探，提出优化或处理措施建议，提交补充勘探设计成果。

（3）对施工图纸进行设计交底；根据项目公司的审查意见，对施工图纸进行完善；审核设备厂家的有关图纸，提出审查意见。

（4）根据工程变更管理规定，负责处理现场设计变更，提供设计变更图纸，严禁不合理变更。

（5）参加设计联络会、工程例行会议、各种技术协调会、技术交流会、方案分析会和专题咨询会等技术会议，并按要求提供相应会议所需的有关资料和从事相关的工作；根据项目公司的要求参加招标、评标、合同谈判及其他配合工作。

（6）编制年度度汛设计报告，及工程安全设计技术要求和措施。配合科研课题评审、验收工作，编制重大施工安全措施要求（方案），完成验收资料并提供技术支持和指导，提供必要的技术资料和技术支持。

（三）现场设计代表机构

现场设计代表机构承担工程从本合同执行之日起至竣工验收全过程的技术服务工作，协调、处理施工过程中与设计有关的问题，并配合项目公司完成达标创优等工作。现场设计服务人员的数量、专业、质量满足现场施工需要，并在设计过程中和服务期内保持人员的相对稳定。在工程施工高峰期，必须至少保证设总（副设总）或设代处处长（副处长）一名以上常驻施工现场工作。

（四）竣工及专项验收主要工作内容

按照国家有关规程、规范要求，负责编制设计方面的验收、自查报告（包括截流验收、蓄水验收、消防验收、移民征地验收、环境保护验收、水土保持验收、安全设施验收、档案验收、各阶段安全鉴定和质量监督、枢纽工程验收、职业卫生验收等）；依据工程的《设计变更（变更设计）通知单》、施工单位、调试单位或项目公司《工程联系单》等有关文件，编制全套的竣工图纸及文件，并移交项目公司；配合完成最后竣工验收、竣工审计等相关工作。

三、工程建设监理

（1）及时开展监理单位招标，监理单位应参与设计图纸和施工标段招标文件审核、审查。

（2）工程建设监理服务范围：主体工程及配套的施工辅助项目（前期工程、上水库区工程、输水系统、地下厂房、下水库区工程、开关站、项目公司营地等），竣工收尾工程（尾工工程、竣工验收、结算审核及配合审计等）。

主要工作内容：工程从前期工程招标到工程通过竣工验收及完成竣工结算等全过程（包括施工质量缺陷责任期）的建设全面监理服务，配合环境保护和水土保持专项监理单位开展环境保护、水土保持监理工作，并配合项目公司完成达标创优、结算审计等工作。

（3）监理服务的期限：进场开始至最后一个项目工程竣工验收、完成结算审计且缺陷责任期满为止，并配合项目公司完成达标投产、工程竣工专项验收、工程竣工验收、创优、结算审计等工作。

四、其他监理

其他监理主要有：环保监理、水保监理、设备监造、爆破监理和移民监理，是工程建设监理服务范围以外，对环保、水保、设备质量、爆破安全和移民安置等方面进行协助管理单位，其主要职责是按照相关法律法规要求，指导施工单位完成相关工作，通过相关验收。为更好统筹推进项目建设，若地方政府无具体规定，建议将环保监理、水保监理、设备监造、爆破监理和移民监理等监理服务内容纳入工程建设监理合同，委托具备资质的工程监理实施。其他监理相关要求有：

1. 环保监理

对于环境影响报告书（表）审批文件中明确要求开展施工期环境监理、监测的建设项目，项目公司应单独委托符合要求的单位开展施工期环境监理、监测工作并按要求报告有关环保主管部门。对于未明确要求开展施工期环境监理、监测的建设项目，项目公司可参照执行。

2. 水保监理

对于水土保持方案审批文件中明确要求单独委托开展施工期水保监理的建设项目，项目公司应单独委托符合要求的单位开展施工期水保监理工作，并按要求报有关水保主管部门。对于未明确要求单独委托开展施工期水保监理的建设项目，项目公司应将水保监理工作纳入主体工程监理中。

3. 爆破监理

根据《民用爆炸物品安全管理条例》（国务院令第466号）规定，在城市、风景名胜区和重要工程设施附近实施爆破作业的，爆破作业单位应向爆破作业所在地设区的市级人民政府公安机关提出申请，提交《爆破作业单位许可证》和具有相应资质的安全评估企业出具的爆破设计、施工方案评估报告。实施爆破作业时，应由具有相应资质的安全监理企业进行监理。

4. 移民监理

根据《大中型水利水电工程建设征地补偿和移民安置条例》（国务院令第679号）第五十一条规定，国家对移民安置实行全过程监督评估。签订移民安置协议的地方人民政府和项目法人应当采取招标的方式，共同委托移民安置监督评估单位对移民搬迁进度、移民安置质量、移民资金的拨付和使用情况以及移民生活水平的恢复情况进行监督评估。

五、施工准备阶段分标与招标

工程施工准备阶段项目公司应及时组织实施公用施工设施项目，包括施工道路、施工供水、供电、通信、水土保持挡护设施、料场和砂石加工系统、建设管理营地等工程，根据具体情况可全部或部分单独列标。

（1）通常施工供电和上、下水库对外交通公路宜独立提前实施。

（2）为高效组织工程建设，对工程关键线路上且直接影响主体土建工程施工进度的项目，或是布置相对独立、施工难度较小、能为主体工程施工创造条件的项目，例如为施工关键线路工程地下厂房施工提供交通服务的通风兼安全洞（或厂房顶部施工支洞）、进厂交通洞、通风竖井、输水系统施工支洞等；或上、下水库等施工关键线路工程中的导流泄洪洞等；或料场和砂石加工系统、渣场等工程项目，均可考虑单独列出，提前组织招标施工。

六、主体工程分标和比选

（1）根据工程枢纽建筑物的组成和施工特点，主体土建工程可分为上水库工程、引水系统、地下厂房系统、尾水系统、下水库工程五大部分，各部分相对独立，且有不同的施工特性，对承包人的资质和要求各有侧重，相互间施工干扰较小，每一部分均具有单独设标的条件。可对上述五大部分进行组合，同时考虑各部分相互间的关联性，形成不同的分标方案，进行方案比较。

（2）上水库工程布置紧凑，主要为大坝土石方填筑及混凝土浇筑施工，库盆开挖施工专业性强，工作面较集中，施工干扰大，因此，上水库各工程不宜再进行分标。

土石坝碾压施工

（3）上水库进 / 出水口位于上水库库盆内，毗邻上水库大坝，其土石方开挖、混凝土浇筑以及施工道路布置等项目均与上水库施工紧密相关，为减少施工干扰、节省临建工程投资、减少合同纠纷、确保施工进度，宜将上水库进 / 出水口、上水库事故闸门井及部分引水上平洞与上水库工程合并考虑。

（4）工程施工关键线路通常为地下厂房拱顶开挖至机电设备安装。工期安排较为紧凑，工程地下洞室多，布置复杂，施工工作面多，相互干扰、制约较大，施工难度大，对承包人的大型专用施工机械设备和施工组织管理要求较高。引水下平洞、厂房施工支洞与尾水下平洞的施工通道均利用进厂交通洞，施工干扰大，协调难度大，因此，工程分标时可考虑将引水系统、地下厂房系统与尾水系统组合成标（输水系统和地下厂房工程），以降低相互间施工干扰、制约。

（5）下水库工程主要施工项目为土石方明挖及混凝土浇筑，施工特点突出，专业性强，下水库工程不宜再进行分标。

（6）下水库进 / 出水口、检修闸门井与尾水上平洞的施工紧密相关，为减少施工干扰、节省临建工程投资、减少合同纠纷、确保施工进度，宜将下水库进 / 出水口、下水库检修闸门井与尾水隧洞工程合并考虑。

（7）工程压力钢管安装与土建工程施工关系密切，而高压钢管制作质量要求高，对加工、制作工艺有特殊要求，且钢管尺寸大，若在外地制作，则运输不便。根据我国大型水电施工企业的现状和加工能力，可考虑将压力钢管的制作纳入相应的土建标内，有利于协调工程进度和质量，减少临时施工场地。压力钢管宜由一家单位统一生产，以有利于场地规划利用。但可考虑将压力钢管对应部分全部纳入一个标段或由两个标段。

（8）机电安装，特别是主机安装、机电埋管、接地线安装与地下厂房内部土建工程关系密切。存在交叉推进、二次浇筑等情况，需要统筹协调进行土建和机电安装管理。宜将机电安装和地下厂房土建合并一个标段考虑。

（9）工程金属结构工程主要为上水库泄洪设施、进 / 出水口拦污栅、事故闸门，尾水事故闸门，下水库进 / 出水口拦污栅、检修闸门，下水库泄洪设施等制造和安装。由于金属结构设备较分散且单项安装调试工程量不大，金属结构的预埋件及安装质量与混凝土浇筑密切相关。因此，闸门、启闭设施单独招标，金属结构的预埋件预埋、调试宜列入相应的结构混凝土工程承包人负责，可减少合同接口，责任明确，便于合同管理；同时也有利于承包人统筹安排施工，保证工程质量。

（10）安全监测、环保水保、设备调试、消防系统专业性较强，宜独立成标。

混凝土内预埋件、预埋管路列入相应的结构混凝土工程施工标。

根据分标思路及参考附录4，国内部分已建、在建抽水蓄能电站工程，主体工程分标方案如下：

（1）分两个标段：①上水库及上游输水系统土建工程；②下水库及地下厂房土建工程。如：厦门抽水蓄能电站。

（2）分三个标段：①上水库工程标；②输水系统及地下厂房系统工程标；③下水库工程标。如：桐柏抽水蓄能电站。

（3）分四个标段：①上水库工程标；②输水系统和地下厂房工程标；③厂房土建及机电安装标；④下水库工程标。如：周宁抽水蓄能电站。

（4）分五个标段：①下水库开挖填筑工程；②地下厂房系统土建工程；③上水库开挖填筑工程；④引水系统土建及钢管制作安装工程；⑤沥青混凝土土建工程。如：西龙池抽水蓄能电站。

上述四个分标方案均可，各有利弊，视具体情况综合考虑采用哪个方案。从以往实际看，以四大标较适宜，各标段之间界限清晰，职责明确，相对独立，施工干扰较少。

厂房设备和电缆桥架安装

七、机电设备分标和比选

抽水蓄能电站机电设备主要包括水泵水轮机及其附属设备、机组辅助设备系统、发电电动机及其附属设备、静止变频启动装置，发电机电压回路设备、机组状态监控、继电保护、计算机监控系统、钢岔管、500kV设备、桥式起重机、金属结构设备、机械公用辅助设备、电气一次公用辅助设备、电气二次公用辅助设备、通风空调设备、随线路采购的设备等组成。

参考国内部分已建、在建抽水蓄能电站工程，机电设备采购分标方案如下：

（一）大主机标模式

大主机及相关配套设备设为一个标，即：主机及其附属、配套设备作为一个标，该标包括主机、调速器、进水阀、自动化元件及机组辅助配套设备、励磁系统、发电电动机电压开关设备、静止变频启动装置（SFC）、继电保护、机组状态监测系统和计算机监控系统、钢岔管等设备。其他系统设备各自独立设为一个标，或多个标。

（二）小主机标模式

主机及其附属、配套设备作为一个标，该标包括主机、调速器、进水阀、自动化元件及机组辅助配套设备、钢岔管等设备。其他系统设备各自独立设为一个标，或多个标。

上述两个分标方案均可，各有利弊，视具体情况综合考虑采用哪个方案。从以往实际看，以大主机标模式较适宜，招标文件明确超挖的处理按回填混凝土计量计价，由开挖单位买单。可有效减少建设单位在设备采购、各主要设备在设计、生产制造、安装等阶段的协调工作。

八、主体工程招标

关键线路的第一个主体工程标（输水系统和地下厂房工程）应提前3个月完成招标工作，为及时进场施工做好准备。

第三节　精品工程策划

根据《中国华电集团有限公司电力项目创建精品工程指导意见》，装机容量

600MW级及以上抽水蓄能电站项目须开展精品工程创建活动，其他项目应按照精品工程建设理念差异化推进精品工程建设，实施全过程管控。

一、精品工程创建说明

按照“总部抓总、区域做实、基层强基”的三级管控要求，集团公司工程建设部负责制定集团电力项目创建精品工程指导意见，指导重大（典型）项目精品工程建设实施，考核精品工程建设实施效果。直属单位负责制定所辖电力项目精品工程建设实施方案并报备集团公司，指导基层单位制定精品工程建设实施方案（细则），跟踪、督导精品工程建设实施情况，考核基层单位精品工程建设实施效果。项目公司负责编制所属电力项目精品工程建设实施方案（细则），成立精品工程建设实施组织机构，牵头开展创建精品工程具体工作。

抽水蓄能电站项目建设管理应牢固树立精品工程意识、营造精品建设氛围、打造精品工程文化，着力抓好安全、质量、进度、造价等要素管控，从“优质、创新、绿色、效益、数字、廉洁”六个维度高标准策划、高水平保护、高质量建设精品工程。

精品工程六个维度

（一）优质工程

明确安全文明、质量、进度、档案、创优管控措施，以高水平实现集团公司达标投产和争创国家优质工程奖为目标，坚持人民至上、生命至上，全面落实“三管三必须”及安全生产十五条硬措施，严格执行工程建设标准和规程规范，重点防范起重吊装工程、拆除爆破工程、脚手架工程、高边坡及深基坑支护和降水工程、地下开挖工程、高处作业、动火作业、高大模板工程、受限空间作业、施工用电等关键环节安全风险。

坚持“百年大计、质量第一”，质量样板引路，全过程推行样板工艺、样板成果评比，对承包单位给予奖励与考核。抓实关键工序质量管控，以土石方开挖、钢筋模板制作安装、混凝土浇筑、金属结构安装、机电设备安装、管路敷设等为控制重点，全面强化质量管控。

岩锚梁镜面混凝土浇筑效果

科学合理制订进度计划，全面落实开工条件，严格落实里程碑节点，紧盯设备保供、送出工程等配套项目建设进度，确保项目按期投产发电。

（二）科技创新工程

坚持创新是第一动力，聚焦工程建设特点、难点和重点，明确科技创新方向和技术路线，编制项目科技创新总策划，通过科研攻关和关键技术研究助力工程高质量建设。充分发挥中央企业原创技术策源地和现代产业链“链长”作用，瞄准科技前沿，聚焦“技术突破、管理提升”两大创新领域，服务国家重大战略需求，加强核心技术攻关和应用。

积极应用新技术、新工艺、新材料，加快先进适用技术研发和推广应用，更好地服务工程建设。加大科技创新人才队伍建设，充分取得行业协会等机构的支持，协同推进科技项目、专利、工法、QC 等成果总结提炼，确保成果落地，推动行业技术进步。项目公司、设计、监理和施工等参建单位及时积极申报科技创新成果相关奖项，积极采用“建筑业十项新技术”和“电力建设五新技术”，让科技创新赋能高质量发展，以科技创新服务精品工程建设。

出线竖井采用直径 5.8m 竖井掘进机施工

（三）生态文明工程

项目建设践行绿水青山就是金山银山理念，坚持生态优先、绿色发展，把生态文明建设贯穿工程建设全过程，打造国家水土保持生态文明工程。坚持不破坏少扰动就是最大的保护，确保污水“零排放”。充分考虑项目与周边环境和谐相处，结合地方政府发展生态旅游项目的规划要求，在综合考虑建设成本和社会责任的基础上，在设计阶段依据地形特点设计观景平台，布置华电主题文化展区，融入华电文化和华电品牌特色，统筹推进高水平保护和高质量发展，促进人与自然和谐共生，打造“绿色电源、生态环境、华电文化”三者和谐统一。

渣场防护和绿化

（四）综合效益好工程

坚持效益优先，严格控制工程投资，实现项目预期收益。统筹兼顾电站经济和社会效益，争取综合效益最大化。跟踪收集抽水蓄能电站电价有关政策、信息，研究电价工作难点和措施，主动、有效推动电价报批工作；积极开展税收筹划，与地方税务及财政部门积极沟通，及时取得增值税留抵退税；不断优化融资方案，降低融资成本。

大力开展设计、施工方案措施优化，节省工程投资；严格工程签证管理，确保合理合规，对涉及费用调整的应事先进行签证会审；组织开展各主体标段月度合同协调例会和商务协调会，加强合同变更管理，强化过程跟踪监督，及时完成各标段费用审批；及时对概算执行情况进行动态分析，发现偏差，及时采取措施纠偏。

依托项目开发建设，推动当地经济、社会发展，全面助力脱贫攻坚和乡村振兴，促进民族团结，维护社会和谐稳定，彰显央企社会责任。

（五）数字工程

紧扣时代脉搏，以数字技术为支撑，将先进技术手段与工程建设、安全生产有机融合，推进 BIM 和 GIS 三维建模、5G 网络、数字大坝、智能安防、智慧仓储、数字档案、应急指挥、智慧运营等高级应用建设，搭建横向集成和纵向贯通的工程信息模型，高标准建设现代化水电企业。

融合工程测绘、物探、勘察和设计等数字技术，提升工程勘察设计成果品质；建设工程现场安装高清视频安全监控系统、智慧门禁系统、智慧监控系统，搭建数据共享和可视化的“安全智慧工地”平台，利用 VR 技术建立安全培训体验馆，配置多媒体移动培训工具箱；建设大坝碾压混凝土质量实时监控与分析系统，运用大体积混凝土温度实时“无线连续在线测温技术”，运用智能灌浆自动记录仪等专项系统；运用集团公司采购信息平台、新能源信息平台和数字工程平台，促进信息联动和共享；建设合同管理系统，将项目公司和各参建方纳入统一平台，实现合同各环节管理电子化。推动工程项目建造数字化，提高基建管理水平。

大坝智能建设协同指挥平台

注重工程建设过程数据的收集整理，数据中心建设是数字电厂的基础，统一的数据中心消除了“数据孤岛”实现数据充分共享。各应用系统承建商应提供完整的数据字典，并将数据统一存储在数据中心，进行整理归档。从建设阶段转到生产阶段，实现工程资料数字化移交，为电站生产运行管理留存宝贵的数字资产。

（六）廉洁工程

以习近平新时代中国特色社会主义思想为指导，坚持和加强党的全面领导，坚定理想信念，紧紧围绕“廉洁工程”创建目标，严格落实“一岗双责”，以党建联建共建、劳动竞赛为载体，充分发挥党支部战斗堡垒作用、党员先锋模范作用，凝聚新时代产业工人磅礴力量，持续推动党的建设与中心工作深度融合。深入开展“三清”企业创建，强化联防联控，紧盯关键环节，与参建单位建立“亲清”关系。重点监督招标采购和工程建设等关键领域，严格把关变更索赔、价款结算、资金支付等关键环节，建立健全廉洁长效制度体系，全面筑牢业务监督、职能监督、执纪监督三道防线。完善工程管理制度流程，深化关键岗位廉洁教育，营造浓厚廉洁文化氛围，推动全面从严治党向纵深发展，为建设高质量电源工程提供坚强的政治保证和纪律保证。坚持以案为鉴，开展廉洁警示教育，确保全面从严治党向纵深推进、拒腐防变时刻警钟长鸣、正风肃纪加大力度，打造工程建设领域风清气正的良好政治生态，确保做到“不敢腐、不能腐、不想腐”。

二、精品工程建设实施方案编制

精品工程实施方案主要内容包括：

（一）精品工程建设总述

主要包括：工程概况、主要参建单位、工程建设主要特点及难点、编制依据、组织机构与职责等内容。

（二）精品工程建设实施方案

1. 优质工程专项方案

主要包括：优质工程目标、工程创优、工程施工准备及过程管控、施工组织、安全管理、质量工艺、档案管理、生产准备、竣工验收、达标投产等内容。其中，工程创优中需重点关注内容为：

（1）制订工程建设安全、质量、进度、档案、创优目标。

（2）明确项目公司管理机构。

（3）制订创优的总体计划。

（4）掌握创优基本程序。

2. 科技创新工程专项方案

主要包括：科技创新工程目标、科技创新工程实施措施等内容。

3. 生态文明工程专项方案

主要包括：生态文明工程目标、生态文明工程实施措施等内容。

4. 综合效益好工程专项方案

主要包括：综合效益好工程目标，招标采购、合同管理、投资控制、竣工结算、竣工决算控制措施等内容。

5. 数字工程专项方案

主要包括：数字工程目标、数字工程实施措施等内容。

6. 廉洁工程专项方案

主要包括：廉洁工程目标、廉洁工程实施措施等内容。

建成精品工程，组织做好精品工程建设成果梳理、总结，形成既特色鲜明、又可复制可推广的精品工程建设方案。

第四节　工程建设信息化策划

工程施工准备阶段应做好工程建设信息化策划工作，项目公司通过调研水电工程建设信息化发展现状，结合工程特点，建设具备技术管理、质量管理、进度管理、造价管理、安全管理等功能模块的工程建设管理系统，努力实现信息化技术与工程建设管理的有效融合，提升工程建设管理效率，规范管理流程，促进安全管理。

一、工程建设管理系统

建设以业主为主导，参建单位共同参与，数据共享为基础的集成化、信息化工程建设管理系统，实现工程建设全过程信息化管控，提高工程建设效率，切实防范化解工程建设管控风险。可参照以下模块建设工程管理系统，也可结合项目特点、管理需求自行设置。

1. 技术管理模块

技术管理模块具备施工过程中的物资进行收集、整编、查询和方案审批功能，为工程管理提供信息保障。通过采集施工单位的施工方案、材料投入、使用量数据，实现施工过程全面掌控。

2. 质量管理模块

质量管理模块根据质量验收规范对项目质量验收范围、各种项目的评定记录、施工记录和试验记录进行整编、上传、维护、查询。还可将重点质量管控环节，如混凝土温控、大坝碾压、混凝土振捣、现场验收等监控数据引入工程管理系统进行统一管理。

3. 进度管理模块

进度管理模块涵盖项目总进度计划、月进度计划及年进度计划及项目细分等功能，可分别对计划完成工程量和实际完成工程量进行实时对比和监控，设置进度滞后提示功能，及时掌握项目进度完成情况。

4. 造价管理模块

运用统一模板规范参建单位变更、索赔、结算报表文件，优化文件审批流程，及时提醒审核人员处理文件。统计建设期各项工程造价，实现参建各方合同变更、索赔、审批等合同造价管理全过程线上处理，提高造价管理规范性和工作效率。

5. 安全管理模块

（1）劳务实名制功能。利用现场布置人脸识别闸机，采集人员考勤数据，在工程管理系统可以查看人员考勤数据。通过实名制考勤实现现场人员出勤数据的统计，为工程现场人员出勤提供数据依据，加强现场人员监管，提升项目劳务管理信息化水平。

（2）多媒体安全培训功能。通过内置安全教育视频、考试等功能，结合现场设置的安全培训教育系统实现多媒体教学课件的播放、VR集中教学等功能，达到理论学习和现场体验结合，提高安全教育成效。

（3）视频监控功能。按需求安装球机或枪机摄像头，覆盖办公区、班组间、加工场及施工现场各区域，可实现越界检测、区域入侵、车辆检测、人身安全防护检测、地灾隐患监控等功能，通过设置权限，主要管理人员可以通过电脑及手机 APP 查看视频监控，可实现对所有施工作业面的全过程监管。

大坝智能浇筑集控指挥平台

二、系统建设保障措施

实现施工区信号覆盖，采用 4G、5G、WiFi 等技术实现无线网络覆盖整个施工区域，并根据工程现场情况做好防护，保障信息网络、工区视频会议、公共广播、视频安防监控、环境实时监测、人员设备定位等网络系统正常运行，为工程参建各方在工区现场的协同办公提供网络基础。

第五节　专项工作委托

抽水蓄能电站属于大型水电站工程，建设周期长，通常都划为所在区域的省重点建设项目。按照有关法律法规，建设过程应开展以下专项工作：

一、质量监督

所有水电工程项目和工程质量责任主体必须接受水电工程质量监督机构的监

督。国家能源局负责全国水电工程质量监督管理工作，省级人民政府能源主管部门按规定权限负责或参与本行政区域内水电工程质量监督管理工作。

水电工程质量监督实行分级、属地管理。国家能源局委托可再生能源发电工程质量监督站负责国家核准（审批）水电工程质量监督具体工作。省级人民政府能源主管部门根据工作需要，可成立省级水电工程质量监督机构或委托可再生能源发电工程质量监督站（分站），负责本行政区域内地方核准（审批）水电工程质量监督具体工作。

根据《水电工程质量监督检查大纲》，结合工程建设进程随机抽查、工程阶段性监督检查和专项质量监督检查。阶段性监督检查包括首次、截流阶段、蓄水阶段、机组启动阶段质量监督和竣工阶段枢纽工程专项验收质量监督；专项监督检查包括坝基覆盖前、输水系统充（排）水试验前专项质量监督和电站受电前电气设备专项质量监督检查，抽水蓄能电站项目须开展后两个专项质量监督检查。项目公司应在工程开工前向电力质监机构提交工程质量监督注册申请。

二、安全鉴定

根据《水电工程验收规程》（NB/T 35048—2015）、《水电工程验收管理办法》（国能新能〔2015〕426号）、《水电工程安全鉴定管理办法》（国能新能〔2013〕104号）、《水电工程安全鉴定规程》（NB/T 35064—2015）等规定，水电工程须开展安全鉴定工作，水电工程安全鉴定工作由项目法人委托安全鉴定单位承担，由项目法人与安全鉴定单位签订合同，费用列入工程概算。

工程安全鉴定分为蓄水安全鉴定、枢纽工程竣工安全鉴定和专项安全鉴定。工程蓄水验收和枢纽工程专项验收前必须分别进行蓄水安全鉴定和竣工安全鉴定。建设过程中根据需要可开展专项安全鉴定，抽水蓄能电站安全鉴定一般包括截流、下闸蓄水、输水系统充排水、枢纽工程专项（竣工）安全鉴定工作。

三、专家咨询

项目公司可委托工程咨询公司为工程提供技术咨询服务，根据工程需求采取临时技术咨询或签订长期技术咨询服务合同。

临时技术咨询：遇到工程重大问题和关键技术决策时，临时委托工程咨询公司提供咨询服务。

长期技术咨询：可分为阶段性咨询、专题性咨询、及时性咨询和应急咨询等模式。主要对工程建设现场进行定期查勘，对工程建设现场重大技术问题进行研究、分析，及时指导、解决；对工程质量、本质安全和施工安全有重大关系的设计方案、施工技术方案进行咨询或评审；对工程建设过程中关键技术、疑难杂症、重大问题的提出咨询意见或解决方案；对工程建设过程中的工程设计、施工技术管控的要点、难点及其对策等提出意见或者建议。

四、工程保险

电站工程开工建设后，应办理相关保险业务。投保的保险主要是工程一切险、第三方责任险等。建筑（安装）工程一切险属于《中国华电集团公司财产保险业务管理办法》第一章总则第二条列明的险种，按规定需纳入集团公司统保范围。

五、保护标准化验收（根据区域电网要求开展）

（1）保护标准化验收包含涉网二次设备标准化验收和电站二次设备标准化验收。目的是在设备投产前，全面排查并网确认检查项目，形成检查报告后通过 OMS 发送至省调进行审查。该项委托服务需在升压站受电前半年，委托有服务资质的企业进行。

（2）在设备调试全部结束前，验收单位应到场收集工程图纸、设计变更单、调试报告等验收材料。组织验收人员集中学习，使全体作业人员熟悉验收范围、危险点分析与预防控制措施、进度要求、验收标准、安全注意事项，而后按照标准化作业卡对验收作业展开实施。工程验收应对二次设备做到全面检查、核对并测试设备状况，形成问题汇总单，整改后进行复检，并对验收情况及整改消缺情况进行总结，最后形成标准化验收报告。

第六节　重点关注事项

一、上水库工程

上水库一般流域面积小，宜尽早进点，早下闸蓄水，以避免或减少引水系统充水由下水库向上水库充水。

福建周宁抽水蓄能电站上水库

福建周宁抽水蓄能电站下水库

二、下水库工程

（1）下水库河水的导流施工占直线工期，在施工规划时应提前予以充分考虑，以使下水库工程的施工进度与整个电站的施工进度相配。

（2）下水库工程河谷相对狭窄、坝体较高，施工前应充分论证施工道路的布置方案。施工道路不仅应满足开挖支护施工，还应兼顾后续的坝体填筑及混凝土施工。

三、厂房工程

地下主厂房的开挖施工是整个地下厂房系统进度控制的关键项目，尤其在不良地质条件下施工及后期不良地质处理对工期影响大，在编排施工总进度计划时应根据工程特点予以充分考虑。

四、机电安装工程

开关站、主变压器等涉及倒送电，机电设备应提前组织进行安装施工，同时应至少预留足够的涉网验收及启动试验时间，确保不因倒送电影响机组整组启动调试的时间安排。

第二篇

工程建设实施篇

抽水蓄能电站项目工程建设全过程以施工准备阶段项目现场开始实施为起点标志，以完成竣工验收为终点标志。本篇分为四章，主要介绍了抽水蓄能电站项目建设实施阶段和竣工验收阶段建设管理工作，主要涵盖工程技术服务单位管理、精品工程实施、建设过程要素管控、阶段验收、合同验收及结算、竣工各专项验收等内容。

广州说山抽水蓄能电站（总装机容量 120 万 kW）

贵州黔源光照水电站（碾压混凝土重力坝，总装机容量 104 万 kW）

贵州黔源董箐水电站（面板堆石坝，总装机容量 88 万 kW）

第四章　技术服务单位工作内容及管理

第一节　设计单位

设计工作是工程建设的龙头，负责工程整个建设过程勘察、设计、常规科研试验项目研究，设备、材料采购、建筑与安装工程招标文件与招标工程量清单、技术规范书编制，全过程现场设代服务，竣工图编制等。

（1）设计单位应配备具有大中型水电站设计经验的专业配套技术人员，包括水文地质专业、水工建筑（含坝工专业、引水专业、厂房专业）、电气专业、水机专业、建筑专业、暖通专业等，按供图计划及时供图。

（2）在工程建设过程中，设计单位现场应设置设计代表机构，负责解释设计意图、进行设计交底，做好工程地质跟踪设计预报与地质素描工作，及时处理施工过程中与设计有关的问题；设代工作人员应能够及时参加隐蔽工程和工程关键部位验收，按要求参加由项目公司或监理组织召开的工程协调会，及时贯彻落实会议决定。

（3）建设过程结合工程实际，及时开展设计优化，有效促进工程建设，节约工程建设投资。

（4）现场设计代表应深入施工现场，收集工程信息，对地质条件发生变化、不符合设计要求的施工情况，及时向项目公司或监理单位反映，并提供技术支持。

（5）设代处配合项目公司周密制订施工供图计划，保证及时、适度超前供图，确保施工不因供图原因受影响。

第二节　监理单位

一、工程监理

监理单位负责工程安全、环保、质量、进度、投资控制和现场协调、合同管理、档案管理等工作。监理单位是工程建设过程重要的参建单位，应严格要求，加强管理。

（1）监理单位应设置现场管理机构。其应满足工程建设需要，部门齐全、高效、合理。配置总监、专业副总监、安全副总监、专业管理工程师、管理员，监理进场人员专业应包含安全监督、地质、土建、金属结构、水机、电气、测量、试验、概预算、合同管理、档案管理和审图工程师、信息管理、爆破等。

（2）监理进场人员的综合素质、数量、专业配置、执业资格及层次结构等与合同文件基本一致，应满足工程进展和开展监理工作需要，监理人员高级职称、中级职称比例不宜低于 70%，外聘人员的数量不宜超过监理总人数的 40%，并且专业监理人员必须持有国家或水电行业监理工程师资格证书，从事土建和安装造价监理工作的主要监理人员必须具备国家注册造价工程师资格证书，主要安全监理工作负责人必须具备国家注册安全工程师资格。审图工程师应具有高级工程师职称和国家注册工程师资质，有 15 ～ 20 年以上大型水电工程设计经历。

（3）严格执行工程建设强制性标准，在审查承包商提交的施工组织设计、分部分项工程或单项工程施工方案时，对施工安全措施进行认真的审查和评价。

（4）现场监理人员应按照施工作业程序及时到位，对工程建设进行动态跟踪监理，工程的关键部位、关键工序应进行旁站监理。通常旁站监理的工程关键部位有：重要部位开挖、混凝土工程、大坝填筑、灌浆、机电设备吊装、调试、危险作业部位和其他需对施工全过程进行重点控制的部位。

（5）监理单位进场后应及时编写监理规划和监理细则，在每个单位工程开工前，施工技术方案必须经监理审查并签发，监理单位每月月报的形式向项目公司报告各个项目工程的形象进度，及实际进度与合同进度的对比情况；若有偏移，及时提出纠偏措施。

（6）现场监理机构应完整，准确以音、像等多种形式收集和保存好工程建设过程信息，规范做好档案创建工作，完整移交项目公司。

二、环水保监理

（1）环境保护监理。开展环境保护设计文件环保核查、施工期环境监理和试生产期环境监理。

（2）水土保持监理项目水土保持监理划分为准备阶段、实施阶段和验收阶段。

三、设备监造

设备监造范围主要包括主机、桥机、主变压器、500kV GIS、各闸门相关设备。

设备监造主要工作内容为：对监造设备质量和进度进行全过程监理，包括材料及部件的采购、焊接、加工、制造、厂内组装、检验试验，组织每台套监造设备出厂验收，设备防腐、包装发运等过程。并对工程档案编制与整理实施细则，完成档案的收集整理提交。

四、爆破监理

爆破作业管理须落实国家和地方人民政府行政主管部门爆破管理有关要求，部分地区要求爆破作业独立委托爆破监理。主要工作内容为：参加爆破试验方案论证会，审查施工单位提交的爆破试验计划、爆破试验安全保障措施和报告，爆破试验旁站工作，确定试验数据、爆破参数。

五、移民监理

全过程对移民安置工作质量、进度控制和资金拨付、使用情况等进行监督，向政府移民安置管理机构和合同约定的有关单位报告移民安置实施情况，参与阶段性验收，协调各方关系，发布移民综合监理信息，编制有关专题报告和监理文件等。

第三节　第三方检验机构

第三方检验机构在项目公司组织或授权下，按照标准、规范及相关规定独立开展工作，为项目公司把控工程安全、质量提供重要依据，是提高工程建设安全、质量的有力保障措施。

一、工程安全监测

工程监测对象主要包括：上、下水库大坝和库岸边坡等，输水系统、地下厂房洞室群，开关站边坡等。工作范围为：监测仪器及与监测仪器埋设相关的辅助材料的采购、运输、保管、检验率定、安装、埋设及数据采集；监测资料的收集、整理、分析；监测仪器设备及设施的维护及缺陷处理等，以及监测项目移交前的监测及资料整理、综合分析、专项及竣工验收工作的配合等全部工作。

各部位监测内容密切结合工程进度分步骤、分阶段实施，以安全监测为主，同时指导施工和为设计提供基础力学指标信息。

二、试验中心

试验中心独立招标委托，其主要职责包括：建立、健全试验检测质量管理体系，协助项目公司对施工单位试验室实施监督管理工作。对工程混凝土用水泥、粉煤灰、外加剂、骨料、钢筋、钢筋连接、止水材料和混凝土性能试验等送样的材料或试件进行检测；对施工现场混凝土性能、混凝土面板堆石坝碾压施工、钢筋连接质量等进行抽检监督；负责监理送样检测和土建试验室对工程质量的监督检测。服务期限为：主体工程开工至最后一个土建项目工程完工为止，并配合项目公司完成达标投产、创优等工作。

三、物探中心

物探检测独立招标委托，其主要职责包括：负责建基面岩体质量、洞壁围岩弹性波、隧洞松弛深度，锚杆无损检测、固结灌浆质量、帷幕灌浆质量、钢筋混凝土衬砌厚度及脱空缺陷、面板混凝土脱空检查、爆破振动监测等土建工程物探检测服务工作，为土建工程验收提供基础资料。服务期限为：主体工程开工至最后一个土建项目工程完工为止，并配合项目公司完成达标投产、创优等工作。

四、测量中心

测量中心独立招标委托，主要工作内容包括：负责原始地形或开挖后的建筑面地形现场测绘、工程量计算等工作。服务期限为：主体工程进场至最后一个土建项目工程完工为止，并配合项目公司完成达标投产、创优等工作。

五、金属结构检测

金属结构检测独立招标委托，工作内容主要是金属结构制作质量检测。在施工现场按比例抽取样品进行检测并做出判断，形成检测报告。

六、环水保监测

（一）环境监测

独立招标委托有资质单位开展施工期水质监测、噪声监测、环境空气监测、运行期水质监测、陆生和水生生态调查、人群健康调查、移民安置区监测等。

（二）水土保持监测

独立招标委托符合要求单位进行水土保持监测，其内容和重点为施工全过程各阶段扰动土地情况、水土流失状况、防治成效及水土流失危害等方面。

第四节　重点关注事项

（1）监理单位宜早进场参与设计图和招标文件的审查。

（2）项目公司应提前策划技术服务单位工作人员的办公和住宿用房。

（3）项目公司按照政府行政管理部门和合同约定，定期、不定期相结合，开展设计和监理考核、评价工作。

山西蒲县抽水蓄能电站（总装机容量 120 万 kW）

云南梨园水电站（混凝土面板堆石坝，总装机容量 240 万 kW）

云南鲁地拉水电站（碾压混凝土重力坝，总装机容量 216 万 kW）

第五章　工程建设管理

经过多年的发展，水电工程项目建设管理已经形成了以国家宏观调控为指导，项目法人责任制为核心，招标投标制和建设监理制为支撑，合同管理制为依据的成熟体系。按照现行政策，抽水蓄能电站项目适用于水电建设管理、验收管理、安全鉴定和质量验收的相关规定。

集团公司水电工程建设实行三级管控模式，即集团公司、直属单位、项目公司按照不同权责实施对工程建设的全过程监督管理。项目公司按照“基层强基”管控要求履行职能，是工程建设现场全过程直接管理者，发挥业主“服务、协调、督促、管理”职能，负责建立健全管理体系，组织项目的实施和精品工程建设，着力抓好现场安全、质量、进度、造价、用地、移民、环保、水保、科技创新、数字化和档案等关键要素的管控。

第一节　精品工程方案实施

项目公司是精品工程创建现场直接管理者，工程建设管理过程应严格按照精品工程创建方案中优质、创新、绿色、效益、数字、廉洁六个方面具体目标和要求，做好工程建设管理。

一、动员部署

（1）进行精品工程建设宣传、动员。成立精品工程建设领导小组。

（2）制定《精品工程建设实施方案》，落实精品工程建设具体要求。

二、实施推进

项目公司组织各参建单位按照实施方案要求，围绕精品工程建设六个维度，开展“首仓制”活动、“样板工程”创建、“质量工艺示范馆”建设等活动，在重要工艺、关键工序开展样板引路，营造“比、学、帮、赶、超”的质量氛围。全面开展精品工程建设活动；结合质量巡检、突击抽查、质量阶段监督、质量检查、劳动竞赛、达标投产验收等活动，每季度对执行情况进行检查督导，每半年进行 1 次总结。在分析评价取得的成效、总结固化工作经验的基础上，重点查找分析创建活动管理过程中存在的问题和差距，提出巩固成果、提升水平的具体措施，常态化开展精品工程建设工作。精品工程建设主要措施和方法如下：

（一）优质工程管理措施

1. 安全文明管控

（1）落实“党政同责、一岗双责、齐抓共管”和三个“必须”的要求，建立健全安全保证体系和安全监督体系。

（2）加强应急处突能力建设，提升应急管理水平，抓实自然灾害防治。

（3）以实施安全生产标准化达标评级工作为载体，创建安全生产标准化一级项目为目标，实现安全文明施工管理体系健全、设施标准、行为规范、施工有序、环境整洁、人员安全的管理目标。

开展劳动竞赛活动

（4）积极开展安康杯等劳动竞赛活动，立足广大参建人员生命健康，增强自我保护意识，充分发挥劳动竞赛活动在安全生产、企业发展中的作用，发挥广大职工群众在安全生产和职业病防治工作中的作用，促进本质安全型企业建设，夯实安全生产基础，实现生产安全事故数、伤亡数和职业病发病率“零报告”。

（5）以安全文化为引领，以“人、机、环、管”四大要素为指针，塑造企业文化，践行安全理念。用安全文化引导人的安全价值观，让生命至上、平安是福的安全理念入脑入心；用安全文化推进精益化管理，让精心维护、尽善尽美护航设备健康；用安全文化提升“7S”水平，让环境和谐、设施完善守护每一个生命；用安全文化规范管理行为，让精准化制度、精细化管理成为安全管理的主旋律。

2. 质量管控

认真执行国家和行业相关技术标准、规程和规范，严格执行工程建设标准中的强制性条文，贯彻“验评分离、强化验收、完善手段、过程控制”，坚持“质量终身负责制、全员参与、全过程控制”，强化政府职能部门监督、项目公司监管、监理监督、第三方检测试验单位监查、施工单位监控的“五监”原则。

大坝首仓混凝土浇筑备仓

（1）项目公司每年与施工单位质量第一责任人、质量主管责任人签订《质量责任书》，明确各单位所担负的质量职责、质量目标，组织各参建单位召开质量会议，使工程建设中设计、设备、施工、调试、生产准备等各个环节的质量均得到有效控制。根据工程进展状况，定期、不定期组织质量检查。检查前，制定检查计划，明确检查内容、检查要求以及人员和时间安排，检查结束后进行总结和评价。

混凝土浇筑备仓

（2）强化施工过程中各个环节、各个工序的质量检验，严格执行四级质量检查验收制度，规范检验、记录、签字程序。属于隐蔽工程、关键部位、关键工序的分项工程，及时组织施工、设计、勘察等各方代表共同检查验收。项目的分阶段验收、单位工程验收、竣工验收，根据国家、行业现行验收规程进行。

（3）建立“质量控制标准和典型问题清单”制度化、常态化，重点把控影响质量和经济性以及影响观感质量的关键环节。

（4）加强施工现场的监理工作，对施工的全过程进行全面的检查监督。对于建基面及特殊部位开挖施工的布孔装药、主体工程的混凝土浇筑、大坝填筑、固结、帷幕灌浆、高边坡预应力锚索及系统锚杆施工、永久设备的安装施工等项目，由监理单位采取“旁站监理”的工作方式，现场监理人员要对施工方法、施工行为、人员配置、施工设备的状况、施工资源保证、施工组织等一切可能影响施工质量的因素进行检查、监督并做好记录，发现问题及时要求施工单位改正，在重点工作面，设置“监理旁站监督栏”。

（5）开展“样板工程”创建活动，精心设计、精心组织、精心施工，创建施工质量示范样板工艺，总结经验，对取得较好成效的，在各标段施工过程中积极推广应用，以样板工艺带动工程整体建设质量。开展“首仓制”活动，做好首仓验收，树立验收标杆，提高施工工艺水平。

（6）采用先进的设施设备，做好过程实时监测与纠偏。构建下水库大坝碾压质量实时监控与分析系统，对大坝碾压混凝土施工质量进行全方位数字化监控、动态分析与评价，保障碾压混凝土施工质量；使用智能灌浆自动记录仪，如实记录灌浆压力、流量、密度及抬动值等关键数据，确保灌浆质量。

样板工程引路评比

3. 进度管控

（1）坚持“目标不变、加大力度”，在保证施工安全和施工质量的前提下，加强施工进度控制，紧盯工程关键节点，以工程关键线路为进度管控主线，采取周例会、月例会、进度专题会以及多方介入协调等监督、管控措施，按既定工程节点要求，严格执行施工工艺、施工资源配置，落实人员设备投入，破解工程关键节点难题，持续推进工程建设。

（2）项目公司定期组织各单位检查、分析影响工程工期的因素，包括图纸、资金、设备和材料的供应情况，出具分析报告，指出存在的问题，并提出相应的对策。各级进度盘点分析报告上报同级进度计划的审批单位。当进度计划出现偏差时，责任单位应及时采取措施或调整进度计划，并及时调整关联计划，同时必须论证和评估其对安全生产的影响，并提出相应的施工组织措施和安全保障措施。

（3）施工单位进场后，应在合同规定的时间内，制订满足合同要求的总进度计划，并报送监理单位审批；各分部工程开工后，应根据总进度计划制订各分部工程进度计划，并报送监理单位审批。

（4）施工单位根据经监理审批的施工组织设计和施工总进度计划编制年度进度计划，主要内容包括：形象进度、主要工程量及产值、重要节点目标、保障措施（应包括施工组织、关键工期控制、劳动力配置、机械设备、物资材料等内容），于开工前完成首年度进度计划编制并报监理审批，往后每年编制下一年度进度计划并报监理审批，项目公司复核监理审批的年度进度计划后上报直属单位，直属单位确认后于 12 月 20 日前将下一年度进度计划报集团公司审核，年度建设进度计划是年度进度考核的依据。

（5）季度进度计划完成情况应及时报监理审批，项目公司于月底前完成复核。施工单位在进度计划中需说明本季度进度完成情况及未完成原因，下季度计划及总体安排，并对工期滞后的分项工程提出针对性保障措施。

（6）根据工程施工总进度安排，施工单位进一步细化施工进度计划，做好施工组织设计及施工工艺优化，加强工序衔接，特别是关键工序和部位施工方案。突出抓好上斜井、出线竖井、机电安装等关键控制工序和部位施工方案优化、工序衔接、资源配置的管控，密切跟踪工程建设进展，及时采取纠偏措施，督促投入与进度计划相匹配的劳动力、设备等资源，努力提高设备完好率，多备配品配件，有条件的工作面增加人员 24 小时进行施工，确保进度按计划推进。

多人有序焊接引水钢管

（7）持续加强与参建各方后方的协调与沟通，取得技术、资金上的支持，保障施工队伍稳定；加快处理现场设计变更的时效，便于对已完工程及时进入结算报表，解决施工过程资金问题；及时运用、兑现合同内工程建设综合考核奖励，提高参建各方积极性。

4．档案管控

（1）全面推行工程档案数字化，开展档案数字化建设，依托集团公司档案管理平台，以档案信息全方位利用为目的，以数据库为管理手段，使用扫描、图像处理等技术进行档案数字化，实现档案信息资源的传输网络化、管理自动化、服务在线化，切实提高档案服务效能，达到通过计算机系统进行档案查询利用的目的，实现档案信息资源共享。档案数字化达到能够采用计算机自动检验的项目采用计算机自动检验合格率为100%，对于无法用计算机自动检验的项目，可根据情况以件或卷为单位采用人工抽检，抽检合格率为100%。

（2）可委托具有大型水电站（装机容量300MW及以上）或抽水蓄能电站项目

档案过程管理工作经验、档案专项验收实践经验的第三方，开展全方位全过程的数字档案技术服务。重点做好档案创优实施方案策划、档案管理工作阶段性检查指导以及档案知识和实务培训、审核各参建单位档案资料的齐全性、完整性、准确性、时效性、系统性、规范性和协助公司开展档案材料的收集、整理、分类、立卷、档案数字化加工、电子文件挂接等工作，确保按时、按质、按量通过项目档案专项验收和中国电力优质工程奖、国家优质工程奖的档案项目评审，并实现基建期和生产运行期档案资料的数字化、信息化管理。

（3）编制完善档案管理制度，创新档案安全保障机制，形成定期的档案检查机制，每月至少组织开展一次档案管理工作阶段性检查和指导，对公司各部门、各参建单位档案形成、收集、整理（含分类、组卷、排列、编目、装订）、归档、数字化加工等档案管理工作开展监督检查，对检查过程发现的问题整理出问题清单，提出书面整改意见，监督落实整改，并做好验收。坚持着力防范和化解档案安全风险，做好档案安全宣传和日常管控，防止电子文件的丢失，保证电子文件的完整、准确，进而提升档案安全管理水平。

（4）按照国家及集团公司有关规定，配置标准化的档案保管场所，增设档案智能化设备，配齐现场项目档案和后方档案等管理人员，与档案服务第三方抓好工程建设全过程档案资料的收集和整理，确保工程档案齐全，归档及时，实现数字化信息化管理。

（5）做好档案人才培养工作，每季度开展一次档案知识和实务培训，全面提升档案业务人员管理水平，从而带动和培养一大批档案事业发展急需的复合型、创新型人才。

（二）科技创新工程管理措施

结合电站建设特点、难点、创新点，鼓励参建各方结合工程建设实际，从解决实际问题出发，大力开展科技项目研究与应用，做好科技项目的计划和统筹推进。在实施过程中，强化科技项目的全过程管理，严格执行阶段检查和节点考核，确保科技项目切实取得实效，成果及时应用落地，为工程建设提供技术支持。

（1）科技项目计划和统筹管理。结合工程实际，通过加强和知名高校、集团科工企业、科研院所、设备厂家等单位合作，加大科技项目的研发和投入等方式，做好工程建设期科技项目的计划管理和统筹推进工作。

（2）科技项目过程管理。加强对科技项目实施过程管理，做好科技项目的前期策划、招标采购、实施阶段检查和考核、验收等过程管理工作，确保项目资金到位、人员到位、措施到位。

（3）科技项目成果提炼推广。加强对科技项目成果的提炼，并做好项目成果在工程建设中的应用，确保科技项目切实取得实效、成果及时应用落地。

（4）加强工程科技项目、QC、工法和专利等创新成果的总结和提炼，积极开展国家、省（部）级、集团公司科技进步奖、QC小组成果奖、中国专利奖等各类奖项的申报工作。及时了解和掌握国家、行业技术的最新动态，认真研究《电力行业标准制定管理细则》，积极申报、参与集团公司抽水蓄能机组相关标准的编制工作。

（5）在大力推进“电力建设五新技术”、“建筑业十项新技术”、《国家重点节能低碳技术推广目录》技术推广和应用的基础上，积极开展创建新技术应用示范工程工作。

（三）生态文明工程管理措施

（1）制定切实可行的绿色制度。工程建设初期，建设单位健全了现场环保水保管理体系，明确了业主、设计、工程监理、环保水保监理、施工及运行管理单位等各方的环保水保职责，建立了完善的环保水保管理制度及日常联络机制，确保了现场环保水保工作有效开展。

（2）全过程绿色风险管控。环保水保工程招标阶段，由建设单位组织各相关参建单位及时审查招标文件，确保各项环保水保措施设计深度满足现场实际要求，工程实施节点等与主体工程施工同步，施工质量等满足相关规程、规范等要求；同时在招标阶段协助明确、细化承包商的水土流失防治责任和环保水保措施工程量，有利于施工阶段环保水保工作的推动、开展。

（3）严格把控环保水保投资、进度与质量。环保水保工程实施过程中，环保水保工作紧紧围绕“投资、进度、质量”等三大控制目标，按照主体工程建设进度，依据环评报告、水保方案报告书、施工合同文件、设计文件等，明确各阶段环保水保设施的设计、施工、验收等节点及专项资金，有效督促承包商按照设计要求保质保量落实各项环保水保措施，根据设施运行效果及时进行分部工程、单位工程验收，并形成相应的基础资料。践行绿色建造理念，节能环保主要经济技术指标达到同时期国内先进水平。

鱼类增殖放流活动

（4）全面落实源头预防、过程控制、末端治理，深化生态环境风险排查治理。施工中，严格按照“边开挖、边清理、边防护”组织施工，防止水土流失、环境破坏并减少土地扰动；按照三同时方案落实渣场防护、表土收集、边坡防护等水保措施的落实，配套建设环保设施治理或规范收集废水、废气、固废等污染物，减少施工过程中污染物对生态环境的破坏；定期对施工范围的无组织排放、大气污染物、噪声、水质等进行监测，根据检测结果及时优化环保措施，确保符合国家有关标准及环评要求。施工后，对产生的临时边坡、场地等进行遮盖、临时绿化或硬化，防止扬尘和水土流失产生；使用完毕的场地及永久边坡等及时按照设计方案组织复绿，修复周边生态，恢复自然环境。

（5）积极开展设计优化、科学施工，减少生态环境破坏。按照绿色施工中节约用地的理念，将上坝公路、基坑道路等优化为隧洞设计，减少山体植被破坏。同时优化永久及临时设施布局规划，科学组织施工，最大限度减少永久及临时用地面积。按照绿色施工中环境保护理念优化砂石料施工工艺，采用湿法生产降低粉尘产生，优化沙仓布置，设置围挡减少粉尘外泄。

生态鱼道

施工污水处理厂

（四）综合效益好工程管控措施

（1）造价确定前对影响投资的因素进行分析，并事先确定投资的原则和投资控制的措施。

DG 水电站碾压混凝土大坝取出世界最长芯样（26.2m）被国家博物馆收藏

（2）可研设计阶段通过详细勘察现场并对初设图纸进行审查，要求设计单位根据对初设图纸的审核结果以及现场勘察实际情况对设计概（预）算进行调整修正。

（3）工程招投标阶段，在工程设计、监理、施工和设备、材料订货等各个环节，充分引进竞争机制，使工程造价与工程质量、建设工期紧密结合。并在选择供货单位时，择优选择设计、监理、施工和设备材料供货单位。做好工程招标策划，做好项目招标前市场调研工作，合理设置资质条件，评标办法，确保在保证市场充分竞争的条件下，选择最优供应商。

（4）项目工程进行招投标时，先行确定标底编制采用定额及取费标准等，所编制的标底不超过初设概算和施工图预算。

（5）施工图设计阶段，为了能够及时对各项经济指标进行核算，要求设计单位在交付施工图纸的同时，必须同时交付施工图预算。施工图预算的编制总额不得超过项目建设总投资的最高限额。

（6）建章立制为项目工程造价控制提供制度保障。健全造价管理体系，完善造价管理相关制度，规范合同管理、结算管理、变更索赔管理、物资核销管理等造价管理流程，为工程建设有序推进，实现投资管控目标，提高工程投资效益提供制度保证。

（7）根据集团公司、直属单位工程建设相关管理制度，结合现场管理要求，制定《合同管理办法》《工程变更管理实施办法》《工程索赔管理实施细则》《工程设计变更（索赔）项目费用审批管理办法》《工程合同进度价款结算管理办法》《工程完工结算管理办法》等，并严格执行，确保工程建设进度按计划节点完成，不因工期延误造成财务费用、投资增加。

（8）项目实施过程中要全过程跟踪管理，严格控制经费签证和各类变更。各标段工程发包时，其发包合同价款应严格控制在经过批准的设计概（预）算以内，最终不得突破内部成本控制目标（施工图预算）。现场变更签证部分是工程造价管理中的要点、难点，为了对本工程建设资金进行有效的控制，现场变更签证必须严格控制。

（9）财务管理措施。

1）根据优化后的工程债务结构合理调度资金，严格工程资金支付手续。

2）制定相应的资金管理制度，并严格执行资金支付的会签、审查、审批程序。

3）财务人员和工程管理人员密切配合，按照基建工程概算类别合理设置财务科目，并严格控制各项工程费用的支出。

4）每年年末，根据工程的进度计划和工程合同等资料详细测算工程的支出费用，做出工程年度支出预算报告，并提交直属单位审查。经直属单位批准后执行并严格进行控制。

5）认真测算财务费用，优化债务结构，加强工程建设资金的合理调度和使用，根据工程的实际需要申请月度资金，按直属单位审定的月度资金计划，落实借款，并严格费用的支出，控制建设期贷款利息不突破概算。

（10）设计优化措施。持续开展工程设计优化，进行优化设计、推行限额设计控制投资。在设计各个阶段进行限额设计，以上一个阶段的各项工程投资控制下一个阶段的设计工作，力争达到随着设计阶段的加深，设计工作越细和各建筑物设计更加优化，实现最大综合效益。

（11）税收筹划与实施。

1）水电项目建设周期长，资金投入量大，建设环境复杂，财务管理有一定的特殊性，亟须项目公司主动规范和优化水电项目基建期财务管理，强化工程财务监督，降低水电项目投资造价，提高项目回报率。

2）加强基建项目税务管理，合理、合法、超前进行基建税务筹划，有利于企业税务管理向规范化、程序化、科学化方向发展，有利于降低工程造价，提高企业竞争力和盈利水平。基建期税务筹划的落实，是对基建项目从筹建期至试运行整个期间的业务流程、管理模式、组织架构等进行优化和合理安排，不仅有利于项目的建设和经营，而且可以以点带面地提高集团公司、直属单位整体税收管理水平。

3）近年来，税制变化极大，深化增值税改革、施行更大力度减税降费等对项目公司生产运营均产生重大影响。与此同时，营改增后几乎所有业务均纳入增值税范围，交易的增值税、所得税管理以及与之相关联的发票管理都提到极为重要的程度。为加快建设项目公司“三型三化 551”一流财务体系，建立完善项目公司税务管理制度体系，基于在抽水蓄能电站项目基建过程中所遇到的问题和解决方法，明晰基建业务和涉税环节，结合税收法规和近年来税务检查发现的问题、税务答疑问题，项目公司进行抽水蓄能电站基建期财税方案筹划课题，并在建设过程中积极主动落实课题研究成果。

（五）数字工程管控措施

利用云计算、大数据、物联网、移动应用、人工智能、区块链、5G 技术、BIM 三维建筑信息模型、VR 虚拟现实等信息技术，搭建统一的工程数字化平台。

在统一数据平台建设过程中坚持业主主导，各参建单位共同参与，整合项目数据资源，实现工程建设安全、质量、进度和投资的精细化管控。划分设备域、安全域、物资域等 11 大主题域，横向拓展至生产、工程、合同、财务、人资等各大业务领域，纵向覆盖工程规划、设计、施工、运行以及检修改造等各环节，为实现水电工程建设及生产数据全过程可追溯，实现信息资源的优化整合、统一配置、集中共享。深化 5G 技术与数字工程建设的融合创新，打造“5G+ 工业互联网”应用示范标杆。建设抽水蓄能电站高可靠高安全的 5G 专网网络，为后续视频会议系统、

AR 眼镜、无人机、UWB 定位等 5G 应用场景提供基础网络，在电站上、下水库区域建设相应数量的宏站及隧洞内增强室内信号覆盖，以满足数字电厂 5G 应用场景的基础通信。

电站数字化中心

（六）廉洁工程管控措施

（1）促进依法治企。落实企业主要负责人为推进法治建设第一责任人的职责要求，加强法律把关，做到经济合同、规章制度、重要决策的法律审核把关率 100%。严格执行“三重一大”决策、党委会和总经理办公会议事规则等制度，认真执行“重大事项经党委会前置研究”程序。不断织牢制度笼子，强化制度执行刚性，组织开展“第一议题”、业务招待等制度执行情况专项检查监督。

（2）持续正风肃纪。将深化“廉洁工程”创建列入党风廉政建设和“三清”企业创建工作重点。促进干部“对党忠诚、干事干净、敢于担当”，确保干部清正；推进“不敢腐、不能腐、不想腐”，促进企业清廉；严明“政治纪律、政治生活、选人用人”，促进政治清明。

（3）齐心抓好工作落实。“三清”创建机构各尽其责，创建办要做好牵头组织、扎实推进、及时跟踪督促；各创建组要每月对照任务清单，抓好本组创建工作落实。示范党小组要采取有效措施，充分激发党员在“三清”创建工作中带头作用。

三、严格考核

建设单位按照集团公司《电力建设项目精品工程评价管理办法》要求开展查评，将参建单位精品工程建设方案执行情况，纳入各标段综合考核（根据集团公司工程建设相关管理制度要求，工程标段合同中设置综合考核奖励），及时兑现考核。

第二节　科技创新管理

项目公司应坚持“科技是第一生产力、人才是第一资源、创新是第一动力”的理念，按照创建精品工程的要求争创科技创新工程，强化创新驱动意识，瞄准世界科技前沿，面向国家重大需求，依托工程建设，推动关键核心技术攻关，培育行业先进技术和科技成果。

一、科技创新体系

项目公司应建立健全本工程科技创新体系，明确科技创新管理分管领导、科技管理部门和科技管理人员，成立本工程主要参建单位人员组成的科技创新领导小组，负责贯彻落实上级单位的科技创新工作部署，落实本工程科技创新工作任务，负责科技项目的实施管理。

二、科技项目研发活动的界定

（1）研发活动是科技活动的核心组成部分，最显著特征是创造性，体现新知识的产生、积累和应用，常常会导致新的发现发明或新产品（技术）等。研发活动包括基础研究、应用研究和试验发展三种类型。基础研究和应用研究统称为科学研究。研发活动应当满足五个条件：新颖性、创造性、不确定性、系统性、可转移性（可复制性）。

（2）原则上以科技项目为主组织开展研发活动，在项目申请书或任务书中明确项目任务、目标、人员和经费等。

（3）未单独以科技项目立项，但在重大技改、工程、数字化等项目中开展的专项研究，明确了研究任务、目标、人员和经费等，也可纳入研发活动。

三、科技项目研发经费投入统计

研发经费投入是指为实施研发活动而实际发生的全部经费支出。按支出性质分为日常性支出、资产性支出和其他支出。按照国家统计局《研究与试验发展（R&D）投入统计规范（试行）》的相关标准，结合集团公司实际，研发经费投入统计以科技项目为主体，包括科技项目全部经费，技改、工程、数字化等项目中的研发经费，创新平台建设及运转发生的各项费用，创新能力建设支出和国家相关政策规定的其他费用。

四、科技创新项目工程建设全过程管理

（一）可行性研究设计阶段

可行性研究阶段是抽水蓄能电站项目开展科技创新的关键阶段，项目单位应协同设计单位针对项目特点、难点、科研攻关点，以问题为导向，通过加强和知名高校、集团科工企业、科研院所、设备厂家等单位合作，在项目可研设计阶段开展项目整体科研工作策划，确定科技创新方向和技术路线，重点针对筑坝技术、大规模地下洞室群施工、水轮发电机组设计和制造、深覆盖层基础处理、高边坡施工、绿色环保工程及施工工艺等关键技术进行研究。

（二）招标采购阶段

项目单位应鼓励投标单位在招投标阶段积极谋划科技创新工作，在工程设计、主要施工标段、主要设备制造、主要设备安装等标段评标办法中应设置科技创新项目评审因素和评分标准，鼓励投标单位开展科技项目、专利等科技创新工作。

项目单位应将中标单位在投标时提出的科技创新项目课题、内容和工程量清单纳入相应标段合同文件，并履行集团科技项目立项程序，按照科技项目实施全过程管理。

（三）工程建设过程

各参建单位在工程建设过程中应积极推广应用工程建设新技术、新工艺、新流程、新装备和新材料，运用先进理论和方法，开展行业关键核心技术和重大科技攻关，突破技术难题，助推科技创新工程建设，引领行业技术发展方向。

各参建单位在工程建设过程中应坚持做好创新成果总结和提炼，积极争取国家

科技进步奖、省（部）级科技进步奖、中国质量奖等各类奖项；工程设计力争获得国家级金奖、省部级优秀设计奖或行业协会优秀设计成果（奖）。

第三节　工程建设信息化管理

充分运用工程建设管理系统，加强工程建设和生产运营管理，做好工程设计、建设、安装、调试全过程数字化管控，工程建设和生产运营的数据信息衔接；可研究开展BIM系统，将工程项目在全生命周期中各个不同阶段的工程信息、过程和资源集成在三维数字技术模拟建筑物模型中；开展数字档案馆系统开发运行。

一、落实数字工地管理

在安全管理方面，运用工程现场高清视频安全监控系统，实时监管现场违章和不安全行为；利用VR技术强化施工人员安全培训体验；配置多媒体移动培训工具箱，提升培训效果。在质量管理方面，可采用BIM技术进行协同设计和仿真分析，实现设计阶段各专业共同协同，提高工程性能和设计质量；统一采购智能灌浆自动记录仪，如实记录灌浆压力、流量、密度及抬动值等关键数据，确保灌浆质量。在合同造价管理方面，运用合同管理系统，强化全过程造价控制，将项目公司和各参建方纳入统一平台，实现合同立项、审批、履行、支付、结算、变更、索赔、概算的全过程管理，对工程投资进行有效管控。

二、全面提升信息安全保障

严格按照电力网络安全防护方针“横向隔离、纵向加密”，网络分区管理。结合信息安全形势要求和技术发展，建立符合网络安全等级保护2.0相关要求的工控系统信息安全防护体系。严格落实《网络安全法》要求，信息基础设施建设时在保证支持业务稳定、持续运行的性能前提下安全技术措施同步规划、同步建设、同步实施；局域网采用VLAN划分或端口隔离技术避免病毒内网快速扩散，服务器与客户端间架设局域网防火墙防范内网失陷电脑攻击；投运网络安全审计、入侵检测、安全监测设备；生产控制大区安装工控防火墙、USB隔离装置、主机安全防护系统、日志审计设备；管理大区部署安装企业版安全防护软件，服务器安全加固。

第四节　安全和环水保管理

一、安全管理体系

项目公司负责组建建设项目安全管理委员会。委员会下设办公室。办公室相关人员应具有相应资质，但不得聘用本工程施工企业的在职人员。建设项目安全委员会和办公室应依据有关规定及时组建，保证正常运转。

二、主要管理工作

（一）开工前的安环管理

（1）项目公司要确保与具备相应资质的承包商签订安全协议。

（2）在与承包商签订合同时，应根据其承包合同总金额的大小，在合同中明确预留一定比例（原则上不低于 2%）的工程价款作为工程安措费，经项目公司考核批准后支付。

（3）项目公司与参加工程建设的各承包方签订安全生产目标责任书，明确各单位的安全目标、措施、责任和奖惩。

（4）项目公司在审查施工组织设计时，必须同时审查安全设施、安全文明施工和环境保护措施等专项技术方案。

（5）项目公司应监督承包方按照有关规定对进入建设工程现场所有施工从业人员进行入场强制性安全培训教育、安全技术交底，保证其具备本岗位安全操作、自救互救以及应急处置所需的知识和技能后，方能安排上岗作业，持“安全上岗证”上岗。项目公司监督参建单位主要负责人和安全管理人员应经安全生产监管监察部门（或省级及以上相关主管部门）对其安全生产知识和管理能力考核合格，取得安全资格证书才能上岗，其入场安全资格培训时间不得少于 32 学时，每年接受再培训的时间不得少于 12 学时。培训内容按照国家安全生产监督管理总局令第 80 号《生产经营单位安全培训规定》执行。

（6）项目公司应监督承包方特种作业人员的持证上岗率应达到100%，培训、取证、复审等要求按照国家安全生产监督管理总局令第80号《特种作业人员安全技术培训考核管理规定》执行。

（7）项目公司应监督承包方建立实名制管理制度，对参建人员从业记录、培训情况、职业技能、工作水平、权益保障等进行综合管理。实名制信息应包含姓名、年龄、身份证号码、联系方式、籍贯、家庭住址、文化程度、培训信息、技能水平、不良及良好行为记录。有条件实施封闭式管理的工程项目，应设立施工现场进出场门禁系统，并采用生物识别技术进行电子打卡，落实实名制考勤制度。不具备封闭式管理的工程项目，应采用移动定位、电子围栏等技术方式实施考勤管理。

（二）施工过程中的安环管理

（1）施工安全监督管理开工备案。根据《电力建设工程施工安全监督管理办法》（发改委令第28号）的要求，项目公司应在工程开工报告批准之日起15日内，将保证安全施工的措施，包括电力建设工程基本情况、参建单位基本情况、安全组织及管理措施、安全投入计划、施工组织方案、应急预案等内容向建设工程所在地国家能源局派出机构备案。

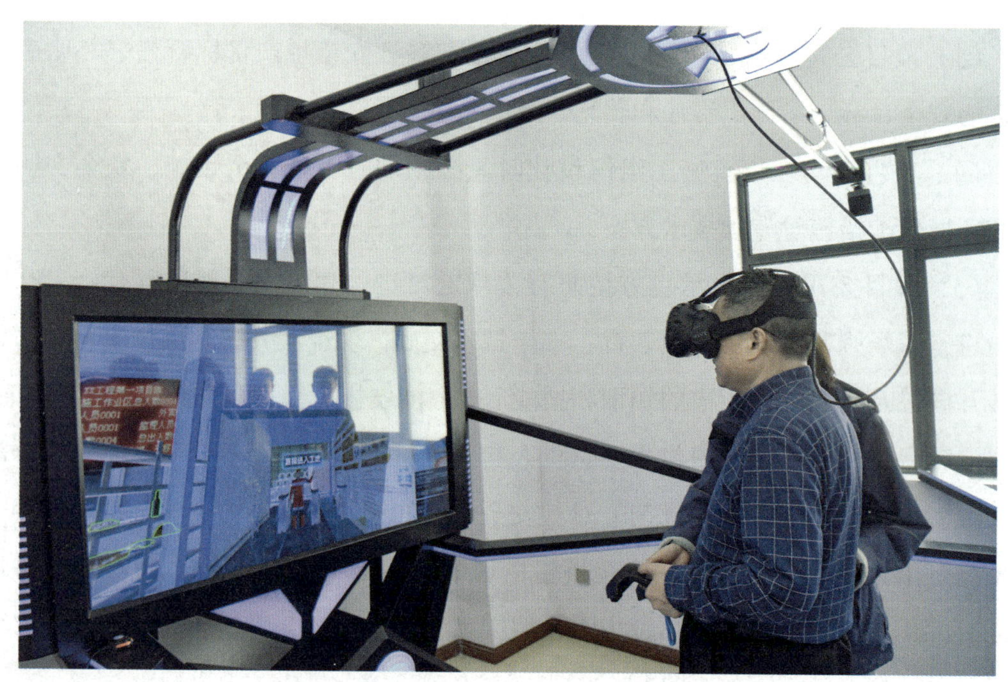

采用VR技术开展施工安全教育

（2）项目公司要定期检查各参建单位安全管理机构的设置是否完善，安全管理保证体系和监督体系运转是否正常，监督检查其对专职安监人员培训、考核及取证情况。

（3）各承包商对其施工范围内的安全负总责。分包单位必须具备相应的施工资质和安全资质。总承包单位应将分包队伍的安全管理纳入其安全保证体系和安全监督体系中，严禁以包代管，包而不管。

（4）各承包商执行建设项目安全管理委员会发布的建设工程项目的安全方针、目标、政策和有关规定。接受项目公司、监理单位和主管部门对安全文明施工的监督与检查。对各级检查提出的意见进行整改和落实。

（5）各承包商制定与安全生产有关的各项管理制度和保证现场安全文明施工的措施计划，编制安全生产工作程序，并按建设项目安全管理委员会的要求和项目公司的规定建立、健全安全保证体系和安全监督体系。

（6）各承包商建立现场安全监督机构和安全监督网络，配备专职安全监督人员，其人员资格应符合有关规定，并报项目公司备案。

（7）施工组织设计应包含安全技术措施。达到危险性较大的分部分项工程应编制专项施工方案，经施工单位技术负责人、总监理工程师签字后实施；超过危险性较大的分部分项工程应编制专项施工方案，应组织专家组评审后批准实施。现场施工过程应由专业监理工程师等相关人员进行现场旁站监督。

（8）各承包商负责本单位及分包单位施工从业人员的“两训一检”（入场培训、周培训、每天安全措施落实检查）。作业队或班组开展“三工活动”和“班前班后会”（工前讲话、工中检查、工后总结，内容包括工作任务、安全措施、危害因素辨识种类、技术交底），以施工日志、安全日志、监理日志、班组日志、签到表为载体。新上岗的从业人员，岗前培训时间不得少于24学时，每年接受再培训的时间不得少于20学时。

（9）编制危险品的保管、存放和使用中的安全防护措施。

（10）项目公司应将体验式培训纳入安全生产教育培训制度，并列入年度教育培训计划。宜根据现场情况牵头组织建立施工现场安全体验区，配备多媒体培训教室和专业讲师。体验区至少应具备高处坠落、墙体倒塌、综合用电、移动式操作架倾倒、平衡木、临边防护、安全帽冲击、劳动防护用品穿戴、消防演示、急救演示等体验项目。

（11）编报环境影响报告书（表）和水土保持方案的建设项目，履行主体工程实施程序前应取得有审批权限的行政主管部门关于同意项目建设的环境影响报告书（表）和水土保持方案的审批文件。环境影响报告书（表）批准之日起超过5年才决定开工建设的项目，在履行主体工程实施程序前，其环境影响报告书（表）应报原审批部门重新审核并取得审批文件。未取得批复同意文件的项目，不得开工建设。

（12）编制《建设项目环境保护总体设计及环境保护和水土保持“三同时”实施方案》。在项目核准前需先期建设施工前期准备工程的水电项目，应在“四通一平”工程开工前编制《“四通一平”工程环境保护和水土保持“三同时”实施方案》。实施方案原则上应由项目公司自行编制。力量不足情况下，可委托设计单位或环评单位协助编制。

（13）实施方案应结合项目建设进度进行编制，制订项目环保水保设施与主体工程同步建设、同步投产的施工计划，设备材料供应、配套外部条件落实及建设管理措施的计划，突发环境事件应急预案编制、施工期环保水保监理监测工作实施计划等。对项目实施过程中发生的变化以及与环境影响报告书（表）和水土保持方案及其审批文件的符合性进行梳理分析，制订相应的整改措施。实施方案中应明确各项工作计划、方案、措施的责任单位与责任人，并明确与主体工程进度的对应关系。

（14）建设项目建设过程中应严格落实环境影响报告书（表）、水土保持方案及其审批文件以及实施方案提出的各项要求，确保环保水保设施与主体工程同步建设，确保施工现场环保水保措施落实到位。

（15）项目公司应按要求开展施工期环保水保监理和监测工作。

（16）项目公司应按照环保、水保主管部门及集团公司有关要求定期报告环保水保“三同时”落实情况，主动配合并接受有关部门的监管。直属单位应通过建设项目“三同时”月报向集团公司定期报告所管辖项目环保水保设施建设进展情况。

（17）项目公司应组织华电电科院等集团公司认可的环境保护监督技术服务单位开展基建全过程环保技术监督。监督技术服务单位应以保障项目顺利通过验收为原则，自主体工程开工起对基建过程中的各关键节点开展“三同时”监督检查，提出改进“三同时”工作的监督指导意见。

（18）建设项目应依法公开环境信息，畅通公众参与和社会监督渠道。

第五节　质量管理

一、质量管理体系及职责

（一）质量管理体系、机构

项目公司负责成立由项目公司主要负责人牵头、参建各方领导组成的项目质量管理委员会（领导小组），下设办公室。

（二）项目公司的主要职责

项目公司全面负责工程建设质量的管理，项目公司主要负责人是工程质量第一责任人，依法对工程质量承担全面责任。

（1）建立健全工程质量管理体系，制定工程质量管理制度，明确各参建单位质量管理责任，并组织实施。

（2）明确工程建设质量目标、指标，制订具体的实施措施；各项质量指标不得低于达标投产要求。

（3）根据项目实际，编制创建精品工程方案及实施细则，经审批后组织实施。

（4）对工程建设承包商相关资质进行审查，确保与具备相应资质的承包商签订合同；对承包商的各项质量管理职责及质量管理人员配置应在招标文件中予以明确。

（5）组织编制质量工艺、达标投产及创优策划方案；创优目标以及质量工艺、感观质量的具体要求应在有关招标文件中明确，并纳入合同中。

（6）组织编制质量管理大纲，作为施工组织总设计的组成部分，指导工程全过程质量管理工作。

（7）向有关参建单位提供建设工程相关的真实、准确、齐全的原始资料。

（8）在工程开工前应按照国家有关法律、法规要求组织办理工程建设合法性文件，办理工程质量监督注册手续。

混凝土浇筑完成后采取保温措施

（9）建立质量奖惩机制，开展劳动竞赛、创建“样板工艺”等质量提升活动，结合达标投产的过程检查，进行施工工艺质量检查评比，并根据合同条款和本工程建设综合考核奖励方案等有关规定进行相应奖惩。

（10）检查各参建单位质量管理体系的建立和运行情况，监督和督促存在问题的整改工作，保证质量管理体系有效运行。

（11）配合做好工程建设质量监督检查工作，并落实质量监督检查意见和建议，实现闭环管理。

（12）开展工程建设达标投产全过程管理工作。对于有创优目标的工程，应按国家和行业的有关规定开展工程质量评价。

（13）发生工程质量事故时，应采取防止事故扩大的措施，及时上报，组织或配合事故调查，分析原因，制订整改措施，防止类似事故再次发生，并按有关规定追究责任。

二、重要环节的管控

（一）过程质量控制

工程的设计、监理、施工、调试等单位的质量管理应采用《质量管理体系　要求》（GB/T 19001—2016），使与质量管理有关的活动和过程处于受控状态，确保工程质量满足规定的要求。推动建立“质量控制标准和典型问题清单”管控制度化、常态化，重点把控影响质量和经济性以及影响观感质量的关键环节。

（1）工程开工前，监理单位应组织有关参建单位，按照国家、行业现行有关质量验收及评价标准，编制工程项目的“质量检验计划”，经批准后组织实施。应对有关作业指导文件进行审批，对施工组织措施的落实情况进行复检，检查合格后方可下达开工令。

（2）项目公司和各参建单位应开展过程质量管理，使工程建设中设计、设备、施工、调试、生产准备等各个环节的质量均得到有效控制。根据工程项目进展状况，定期、不定期组织质量检查。检查前，制订检查计划，明确检查内容、检查要求以及人员和时间安排，检查结束后应进行总结和评价。

混凝土大坝钢模板安装

（3）工程各参建单位要强化施工过程中各个环节、各个工序的质量检验，严格执行三级质量检查验收制度，规范检验、记录、签字程序。属于隐蔽工程、关键部位、关键工序的分项工程，应及时组织施工、设计、勘察等各方代表共同检查验收。项目的分阶段验收、单位工程验收、竣工验收，应根据国家、行业现行验收规程进行。

地下厂房钢筋绑扎

（二）测量质量控制

（1）向施工区内引接控制网点的测量及关键部位施工放样的测量等，施工单位均必须先拟订测量技术方案，报监理单位审批后实施。施工单位应对测量成果反复核对，做好记录，提供测量成果报告，报监理单位审核签认。监理单位亦应做必要的对照测量和抽查复测，检验测量成果及其精度，保证测量的正确性。

（2）施工单位必须对测量仪器工具按国家规定定期校验标定，将校验标定结果报监理单位审查确认后才准予使用。

（三）原材料质量控制

项目公司应督促监理单位做好材料、设备的质量控制，防止和杜绝不合格材料和设备用于工程。在材料管理中，对计划、采购、验收、仓储、发放等环节进行有效的控制，按工程进度要求，编制可行的采购计划，提前做好材料选厂工作，认真进行生产厂的资质评定，从合格厂家进行采购，到货后进行外观检查，核查质量证明文件，需进行复检的应进行复验，合格后再入库、发放，监理要加大监督力度，未经监理同意的材料不能用于工程。

（四）试验检测质量控制

（1）试验检测成果是评价工程施工内在质量的重要依据，施工、监理单位应重视并充分运用试验检测手段对工程质量进行量化的控制。

（2）施工单位必须按合同及国家有关规定建立工地试验室，其资质、规模能力应与承建工程项目的要求相适应。试验室应制定完整的规章制度，实行科学化、规范化管理，积极采用先进的计量检测方法对试验设备严格管理。监理单位、第三方试验室或项目公司有关质量管理部门应对施工单位试验室的资质、仪器设备、人员、制度等进行经常性的检查、监督。

（3）施工单位必须按合同及国家规定的检测项目和检测频率对工程材料、半成品、成品质量进行试验检测。试验检测成果按合同及相关规定整理汇总上报监理单位、第三方试验室核定，对于主体工程的关键部位、重点部位由监理单位、第三方试验室汇总报项目公司。施工单位应对提交的试验检测成果的真实性、可靠性、代表性负责；监理单位、第三方试验室应对其进行认真审核、分析。当监理单位、第三方试验室认为某项试验成果需要复验时，施工单位必须执行。

（4）施工单位在混凝土浇筑前应按合同及有关规程规范进行混凝土材料级配和配合比试验，确定合适的骨料级配参数和优化的混凝土施工配合比，并报监理单位或第三方试验室审查批准后执行。

（5）监理单位、第三方试验室必须对工程材料和施工质量独立地进行监督性的抽样试验检测，试验检测的项目、抽样频率需满足规程规范要求。

（五）碾压混凝土生产性试验

主要试验内容为：拌和系统各环节的协调配合；拌和物均匀性检测；按室内配合比试验成果生产的碾压混凝土的可碾性等施工性能进行检验；碾压混凝土拌和、运输、卸料、平仓、碾压等各环节操作人员的现场培训。

碾压混凝土坝施工

（六）钻孔冲洗和灌前压水试验

（1）承包商应在灌浆前，按设计要求或监理工程师的指示对灌浆孔（段）进行孔壁冲洗、裂隙冲洗和压水试验。

（2）在断层、大裂隙等地质条件较复杂的区域，其裂隙冲洗应按监理工程师指示或通过现场试验确定的方法进行。

（3）在岩溶泥质充填物和遇水性能易恶化的岩层中进行灌浆时，是否进行裂隙冲洗或采用何种冲洗方式，承包商应根据设计要求或监理工程师指示，制订专项措施实施。

（4）钻孔孔壁冲洗、裂隙冲洗、简易压水可结合同时进行。

（七）施工前质量控制

（1）施工单位应做好施工前的质量策划，编制专业组织设计，编制施工技术措施和必要的作业指导书，认真做好图纸会审、技术交底工作。

（2）项目开工前，应提交更详尽的施工组织设计，具体明确质量保证体系和质量管理机构的组成，各部位及各管理层次的质量负责人、质检人员、质量保证措施等报监理单位审查批准；同时组织施工人员认真学习施工技术规范、质量标准，熟悉施工图纸及有关技术资料，学习工程技术管理制度、操作规程等，施工人员深入了解设计意图、施工方法和规范以及质量标准。否则不得批准开工。

钢筋规范绑扎

（3）施工前，施工单位应当对该施工部位的施工场地、施工道路、施工机械设备和人员、工程材料、水电供应等的准备情况认真检查落实后方可开工。其中，隐蔽工程的覆盖、监理单位规定的重要分部分项工程和单元工程开工，由施工单位提出书面开工申请，监理单位组织有关各方检查签证认可后方可施工。

（4）主体工程混凝土大规模浇筑前，当采用新设备、新工艺施工时，施工单位必须做好混凝土浇筑的（碾压混凝土、常规混凝土）拌和、运输、入仓、振捣等工艺试验，以通过试验确定优化施工及质量控制的参数，提出工艺试验报告，报监理单位批准后执行。建基面及特殊部位开挖、预应力锚索、金属结构的焊接等关键施工项目应按合同及有关规程规范进行工艺性试验，确定施工及质量控制的参数，报监理单位审批后执行。

混凝土浇筑完成后收面

采用机械设备振捣混凝土

（八）施工过程质量控制

洞室爆破、混凝土浇筑、填筑碾压、灌浆、钢筋制作安装、锚索等第一次施工前，项目公司组织设计、监理和施工单位按照规范和合同要求充分讨论，确保各项准备工作到位。同时，项目公司通过随机抽查、现场巡视、视频监控进行全过程质量控制。

（1）施工单位必须严格按合同规定的质量标准、监理单位签发的设计图纸和文件以及监理单位批准的施工方案组织施工。施工方法改变应另报监理单位审批（防汛、工程抢险、重大、特大质量事故的紧急处理等情况除外）。

（2）施工过程严把“四关”。

1）严把图纸关，首先复核图纸，让所有技术人员彻底了解设计意图，其次严格按图纸和规范要求组织实施，并层层组织技术交底。

2）严把测量关，经现场测量对设计控制数据进行复核，确保施工放样准确。

地下厂房边墙开挖爆破效果

3）严把材料质量及试验关，对每批进入施工现场的材料按规范要求进行质量检验，并按质量保证体系进行管理，杜绝不合格的材料及半成品使用到工程中。

4）严把工序质量关，严格按照技术图纸、规范及技术措施施工。做到“六不施工，三不交接”。“六不施工”：不进行技术交底不施工、图纸和技术要求不清楚不施工、测量和资料未经审核不施工、材料无合格证或试验不合格不施工、隐蔽工程未经联合签证不施工、未经监理人认可或批准的工序不施工；“三不交接”：无自检记录不交接、未经监理人或值班技术员验收不交接、施工记录不全不交接。

大坝坝肩槽开挖效果

5）施工过程中始终坚持质量一票否决制。对施工过程中违反技术规范、规程的行为，质检人员有权当场制止并责令其限期整改。对不重视质量、粗制滥造、弄虚作假的人，质检人员根据奖惩制度提出处罚意见，项目公司给予严厉处理和追究其相应的责任。

（3）工程质量验评项目划分表中列出的质量控制点，对施工中重点控制对象和薄弱环节，如隐蔽工程、特殊关键工序、被下道工序掩盖的工序等在工程开工前经施工、设计、监理和项目公司各级质检人员共同确定，实施停工待检点控制模式。

（4）施工单位应教育、约束、监督各级施工人员规范施工行为，严格按照施工规程、规范及合同规定进行施工。禁止违规操作。

（5）施工单位应严格工序管理，制定并认真执行工序交接的检查签证制度，必须做到上道工序不合格不得进入下道工序。

面板堆石坝面板钢筋绑扎

（6）监理单位应加强施工现场的监理工作，对施工的全过程进行全面的检查监督。对于建基面、关键及特殊部位开挖施工的布孔装药、主体工程的混凝土浇筑、大坝填筑、固结、帷幕灌浆、高边坡预应力锚索及系统锚杆施工、永久设备的安装施工等项目，监理单位宜采取“旁站监理”的工作方式，现场监理人员要对施工方法、施工行为、人员配置、施工设备的状况、施工资源保证、施工组织等一切可能影响施工质量的因素进行检查、监督并做好记录，发现问题应即时要求施工单位改正，在重点工作面，设置“监理旁站监督栏”。

（7）监理单位及其现场监督人员有权查阅施工原始记录及检测数据。施工单位及其有关人员必须接受监理、第三方试验室及现场监督人员的检查监督及其下达的指令。

（8）设计单位对施工质量进行巡查。对违反设计要求和不规范的施工行为有责任及时向监理单位和公司反映并提出书面意见，对施工中发现的设计问题、地质问题要及时研究解决。

（9）“首仓制”树立验收标杆。为强化施工质量全过程控制，提高施工工艺质量水平，项目公司组织设计、监理和参建单位开展“首仓制”活动，做好首仓验收，树立仓面验收的标杆，提高后续仓面准备的质量和验收成功率。

（九）工程质量检查与工程验收

（1）隐蔽工程项目在施工单位内部三级检验合格后，提前48小时向监理、项目公司提出书面申请，在监理、项目公司未书面（隐蔽工程验收签证单）批准隐蔽前，不得覆盖或隐蔽。对工程质量验评项目划分表中确定的停工待检点，在施工单位三级自检合格的基础上，提前24小时书面申请监理、项目公司检验并签署意见，如检验不合格，不得进行下道工序的施工。所有的隐蔽工程项目和停工待检点项目将与项目施工同时形成独立的质量记录，该质量记录以监理或项目公司签署的意见为准。

大坝溢洪道混凝土浇筑

（2）单元工程检查验收，施工单位应在“三检”合格后，才能申请验收。经监理工程师（隐蔽工程等重点单元工程通知设代、项目公司参加）验收签证后才能进入下道工序施工。

（3）分部分项工程和部分单位工程质量检查与终检验收由监理单位组织并主持验收工作，工程项目竣工验收前，监理单位准备好有关资料及督促设计、施工等单位准备好有关资料。监理单位应邀请项目公司、设计、施工单位等参加，在签署终检验收结论时，应认真考虑各方的意见。

（4）重要单位工程验收由项目公司组织，监理单位协助，监理单位应在工程验收前准备好有关资料，并督促设计、施工等单位准备好有关资料。

（5）锚索灌浆、固结灌浆、帷幕灌浆、开挖、混凝土浇筑等工程量超过设计工程量时，项目公司应及时召开协调会议，做好分析、总结，并以视频或照片的形式保存施工过程资料。

输水隧洞钢筋混凝土衬砌

（6）工程项目各专项、竣工验收由项目公司向上级主管单位和政府有关部门申请验收，成立验收委员会（或机组启动委员会）进行验收。项目公司、设计、监理、施工单位等参加。

第六节 进度管理

工程建设进度管理遵循进度服从安全、质量、环保的原则，以合同管理为依据，在保证工程建设安全、质量、环保的前提下，对工程项目建设各阶段的工作内容、工作程序、持续时间和衔接关系编制计划并付诸实施，经常检查实际进度是否按计划要求进行，对出现的偏差情况进行分析，采取补救措施或调整、修改原计划后再付诸实施，如此循环，直到建设工程竣工验收交付使用。建设工程安全质量是保障，进度是根本，严格执行可研工期。

一、进度管理目标

总体目标：工程建设工期按主体工程实施批复的工期（或考核责任书中明确的工期）投产，总工期不能超过可研审定工期。

二、工程里程碑节点计划

工程里程碑节点计划严格执行可研工期。装机容量 1200MW 电站一般总工期约 72 个月。里程碑节点见附录 5。

三、工程进度计划的编制

（一）工程进度计划的分级

工程进度计划应采取分级编制和控制的原则，按照不同的工程阶段将工作内容逐级分解，分解深度应满足进度控制需要。一般将工程进度计划分为一、二、三、四级进度计划四个层次进行控制与管理。

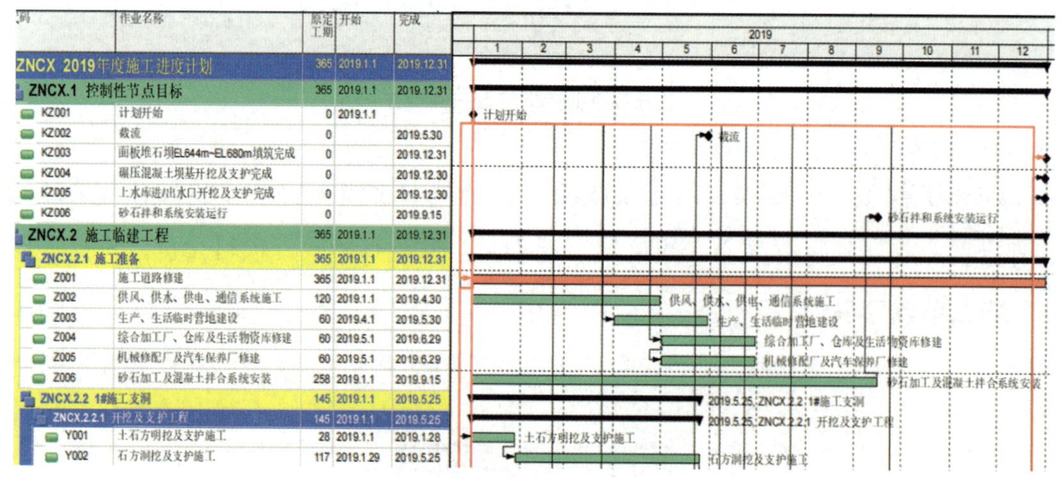

码	作业名称	原定工期	开始	完成
ZNCX 2019年度施工进度计划		365	2019.1.1	2019.12.31
ZNCX.1 控制性节点目标		365	2019.1.1	2019.12.31
KZ001	计划开始	0	2019.1.1	
KZ002	截流	0		2019.5.30
KZ003	面板堆石坝EL644m~EL680m填筑完成	0		2019.12.31
KZ004	碾压混凝土坝基开挖及支护完成	0		2019.12.30
KZ005	上水库进/出水口开挖及支护完成	0		2019.12.30
KZ006	砂石拌和系统安装运行	0		2019.9.15
ZNCX.2 施工临建工程		365	2019.1.1	2019.12.31
ZNCX.2.1 施工准备		365	2019.1.1	2019.12.31
Z001	施工道路修建	365	2019.1.1	2019.12.31
Z002	供风、供水、供电、通信系统施工	120	2019.1.1	2019.4.30
Z003	生产、生活临时营地建设	60	2019.4.1	2019.5.30
Z004	综合加工厂、仓库及生活物资库修建	60	2019.5.1	2019.6.29
Z005	机械修配厂及汽车保养厂修建	60	2019.5.1	2019.6.29
Z006	砂石加工及混凝土拌合系统安装	258	2019.1.1	2019.9.15
ZNCX.2.2 1#施工支洞		145	2019.1.1	2019.5.25
ZNCX.2.2.1 开挖及支护工程		145	2019.1.1	2019.5.25
Y001	土石方明挖及支护施工	28	2019.1.1	2019.1.28
Y002	石方洞挖及支护施工	117	2019.1.29	2019.5.25

施工进度横道图（示例）

（1）一级进度计划：即里程碑计划，由项目公司负责编制，直属单位审批，报集团公司备案。在执行过程中如需调整里程碑节点计划，并影响到建设总工期 1 个月以上时（推后或提前），须按照相关规范经过原审查单位或安全评价机构等审查，论证和评估其对安全生产的影响，提出施工组织措施和安全保障措施。

（2）二级进度计划：即各标段主线工期，深度至各子系统、关键交接点、重大形象进度目标，施工单位进场后，在合同规定的时间内，制订满足合同要求的总进度计划，并报送监理单位、项目公司审批。项目公司应定期检查二级进度计划执行情况，当进度计划出现偏差时，在不影响一级进度计划和建设总工期，施工单位调整进度计划经监理单位审核后报项目公司审批。

（3）三级进度计划：即年度进度计划，施工单位根据经监理单位审批的施工组织设计和施工总进度计划编制年度进度计划，主要内容包括：形象进度、主要工程量及产值、重要节点目标、保障措施（应包括施工组织、关键工期控制、劳动力配置、机械设备、物资材料等内容），并报送监理单位审批。监理单位应定期检查三级进度计划执行情况，当进度计划出现偏差时，在不影响二级进度计划和建设总工期，施工单位调整的进度计划报监理单位审批并向项目公司报备。

（4）四级进度计划：施工单位在每季度的最后一月，将季度、月度进度计划报监理单位审批，计划中需说明本季度、月进度完成情况及未完成原因，下季度、月计划及总体安排，并对工期滞后的工程提出针对性保障措施。监理单位应定期检查四级进度计划执行情况，当四级进度计划出现偏差时，在不影响上级进度计划情况下，施工单位自行调整工期，并向监理报备。

（二）项目公司的职责及编制范围（或委托监理公司）

（1）编制一、二级进度计划。

（2）编制图纸交付计划。

（3）编制工程项目物资采购计划。

（4）编制工程项目招标实施计划。

（5）编制工程项目实施指导性计划。

（6）编制工程项目前期准备工作计划。

（7）编制工程项目资金及资源需求。

（8）编制投资计划、动态控制工程费用。

（9）监控工程进度，解决、协调工程问题。

（三）工程进度计划的编制方法

工程项目进度计划通常使用工程进度计划专业软件进行编制，其中应体现工程进度的关键路径和工序、专业之间的逻辑关系。以进度为龙头，加载设计、设备物资供应、施工机械装备进场、劳动力配置、资金、工程量以及质量管理、安全管理和合同管理等内容。网络计划应体现：

（1）正确表述各承包商、各标段、各专业、各工序之间的相互依存关系和逻辑关系。

（2）可通过工程进度计划的定期盘点和计算分析，找出哪些项目、标段或工序延误工期的天数及延误原因，哪些计划已超前，有多少机动时间，以充分掌握工程进度控制权。

（3）便于各级进度的控制、管理，进一步优化资源配置，及时调整纠偏下级进度计划，确保工程总目标计划的实现。

（四）工程进度计划编制基本要求

（1）符合工程实际需求、可操作性强。根据工程项目的有关合同、协议、工程性质、工期要求和各种条件的实际变化情况，及时优化交通运输、物资供应、施工条件和劳动力机具等资源的配置，不断滚动更新三、四级工程进度计划，确保一、二级进度计划目标的实现。

（2）遵循科学合理、统筹规划。编制进度计划要统筹兼顾，均衡、科学、合理安排各种施工要素。进度计划要体现主、次关系，相互依存关系，工序间的逻辑关系。要便于跟踪管理，定期盘点，定期分析，及时纠偏更新，确保工程按期完成。

（3）积极可行，留有余地。既要尊重规律，又要在客观条件允许下，充分发挥主观能动性，挖掘潜力，运用各种技术组织措施，使计划指标具有先进性。要从工程实际出发，充分考虑各种资源条件的客观实际，使计划留有可调余地。

（4）参建单位承包范围和接口界定要清晰、明确。下级进度计划的编制与审批必须依据上级进度计划。上、下级进度计划发生矛盾且无法由下级进度计划调整解决的，应通过规定程序及时调整上级进度计划。

四、工程进度计划的控制与考核

（一）工程进度计划的控制

（1）各级工程进度计划责任单位应定期检查、分析影响工程工期的因素，包括图纸、资金、设备和材料的供应情况，出具分析报告，指出存在的问题，并提出相应的对策。各级进度盘点分析报告上报同级进度计划的审批单位。当进度计划出现偏差时，责任单位应及时采取措施或调整进度计划，并及时调整关联计划，同时必须论证和评估进度调整对安全生产的影响，并提出相应的施工组织措施和安全保障措施。

（2）项目公司实时掌控现场情况，动态分析确定工作关键线路，并按照总体目标将各项工作倒排，无缝衔接关键工序；突出抓好关键控制工序和部位施工方案优化、工序衔接、资源配置的管控，投入与进度计划相匹配的劳动力、设备等资源，不断提高设备完好率，配足备品备件，积极破解困难，采取周纠偏、进度专题会等措施，保障实现工期目标。

（3）工程进度计划应通过跟踪盘点、计算分析，及时发现工程进度偏差（承包商上报的现行计划所体现的实际进度与目标进度比较所发生的偏差）和工程计划偏差（现行计划与目标进度计划比较发现的偏差），应按规定程序进行确认、发布，采取提醒、预警方式纠偏，必要时采取纠偏措施，更新调整计划，调配各种资源配置，以符合上一级进度计划要求。

（4）关键重点项目滞后可采取如下措施：

1）周例会和日例会制度。充分发挥项目公司的主导、督促检查和服务协调作用，加强过程管理和强化责任落实，及时协调解决问题。

2）争取各参建单位后方支持。持续加强与各参建单位后方的协调与沟通，取得技术、资金上的支持，保障施工队伍稳定。

3）激励和调动参建人员的积极性。开展“四比一促”劳动竞赛活动，形成“比、学、赶、帮、超”良好氛围，调动参建各方的积极性和主动性度。

（二）工程进度计划的考核

项目公司应组织研究制定工程进度计划考核办法，明确里程碑节点、工程控制点、关键路径上的进度难点等重要工程进度节点的考核管理办法，采取超前奖励、滞后罚款或误期关联损失赔偿等各类措施，实现对工程进度计划的考核，里程碑节点考核标准可在招标时纳入合同条款。

大坝夜间施工

第七节　造价管控

一、造价管理目标

（1）造价管理应牢固树立“控制工程造价就是价值创造”的理念，实行全方位、全过程的造价控制和管理，力争工程造价控制在同时期、同地区、同类型工程中处于先进水平。核准概算总投资是造价控制的最高限额；执行概算是水电造价过程管控的重要手段，是造价控制的内控目标。

（2）造价管理的分解目标根据概算费用的构成和承包合同费用划分的实际情况，对造价控制目标进行分解，各项目公司应按分解目标进行造价控制和管理，确保实现工程造价控制的总体目标。

二、造价控制要点

（1）根据项目厂址合理确定工程建设规模、建设标准水平、技术方案，对工程造价影响较大的设备选型、基础型式、交通等外部条件，分别进行多方案分析论证，并进行技术经济比较，编制可研概算，可研概算履行集团公司审批流程，后作为投资管控依据，原则上不允许突破核准概算。

（2）设计优化是做好工程造价控制的重要手段，招标设计阶段的设计优化尤为重要。项目公司应在招标设计阶段大力开展设计优化工作，可组织行业内专家对可研阶段确定的规划布置、技术方案、施工组织设计、施工交通等方案进行再次论证和优化，在确保工程安全、质量和进度的前提下，采用最优的设计方案进一步降低工程造价。

（3）严格执行招投标有关法律法规、公司系统招标管理制度，对设计、监理、施工单位、设备与材料供应商、技术服务单位，遵循“公开、公平、公正、诚实信用”的原则，进行公开招标采购。严格按合同条款开展合同价款调整，合同价款未作约定或约定不明的，应按照国家有关法律法规和规章制度，国务院建设行政主管部门、电力行业有关部门发布的工程造价计价标准、计价办法等有关规定协商处理，并以补充合同方式明确。加强概算管理，利用工程管理信息系统进行造价分析，确保不超执行概算，每月进行概算分析，力争单项工程不超概算。

（4）合同执行过程中重点关注合同范围及合同之间界面或接口，避免合同漏项造成索赔产生额外费用。同时合同执行过程中关注合同外项目的委托、索赔、签证等项目，确实属于合同外委托的项目按相关规定及时办理相关手续，避免影响工程进展及结算发生扯皮现象。

三、执行概算编制

大型水电工程须编制执行概算，执行概算应在主体工程施工和主要设备招标基本完成后，6 个月内编制完成。执行概算编制按照《中国华电集团有限公司水电工程执行概算实施管理标准》执行。

执行概算由直属单位编制完成后由集团公司组织审查，技经中心根据审查意见于 1 个月内完成执行概算修编并上报集团公司，集团公司复核后印发项目执行概算。经批准的执行概算是工程项目投资控制、年度进度和投资计划编制的依据。

四、造价控制管理

（一）招标管理

（1）招标文件技术条款及工程量清单应符合招标设计方案审查结果的要求，不得虚列工程量，招标文件须按照权限范围开展审查。

（2）招标文件应采用集团公司发布的招标及合同文件范本，并根据集团公司相关规定和项目建设管理的具体要求进行专用合同条款的编制。

（3）招标文件审查重点是合同条款的设置合理性、商务文件和技术文件的匹配性、工程量清单的完整性、隐蔽工程计量计价的合理性、价格调整原则和方式等。

（4）招标文件中不得计列备用金；安全生产费应单独计列，不得作为竞争性报价，专款专用。

（5）招标文件审查后应形成可研设计工程量、招标设计工程量和招标工程量的对比表，与招标申请一并报送。

（6）重要施工准备工程和主体建筑安装工程施工标须设最高投标限价，最高投标限价应根据同流域（或同区域）已招标项目投标报价水平编制，基础价格、耗量、费率取值与已招标项目保持一致，最高投标限价须按规定报批。最高投标限价由招标人组织编制，不得委托与潜在中标单位存在利益关系的单位编制。

（7）设计总合同和阶段合同中均要有明确的考核条款，经集团公司批准同意后，可在合同总价及阶段合同价中提取一定比例的费用，用于设计优化奖励和现场设代服务的考核激励。

（二）招标设计方案审查

直属单位负责组织对招标设计方案进行审查，审查内容包括技术经济性、功能实用性、运行维护便利性和工程量清单合理性、分标合理性、可研工程量和招标工程量对比等。招标设计方案经直属单位审查通过后报集团公司审批后执行。

（三）合同管理

（1）经招标签订的合同，项目公司必须严格按招标文件、投标文件与中标单位签订合同。合同的标的、价款、质量、履行期限等实质性条款应当与招标文件和中标单位的投标文件一致。

（2）项目公司应按照《建设工程质量保证金管理办法》和合同约定预留质量保证金，质量保证金总预留比例不得高于工程价款结算金额的3%。在工程项目竣工前，已经缴纳履约保证金的，项目公司不得同时预留工程质量保证金。

（3）有处罚措施或综合考核奖励措施的，应在合同中细化和明确具体管理要求、处罚标准和奖金兑现条件。

（4）合同文件中明确分包条款和违约责任，分包须取得项目公司书面同意。承包人要对分包人履约提供担保，分包人履约不力时，项目公司有权动用承包人履约保函、要求清退分包人等措施。

（5）合同文件中应落实《保障农民工工资支付条例》和《保障中小企业款项支付条例》，维护农民工和中小企业合法权益，不得发生社会群体性事件和严重影响企业形象的事件。存在拖欠农民工工资情况时，项目公司直接动用农民工工资保证金支付，不足以支付农民工工资时，有权动用承包人履约保函支付。

（6）项目公司应进一步加强承包单位管理，承包单位发生长期拖欠农民工工资、恶意拖延工期、阻碍施工、威胁管理人员等恶劣行为时，可申请将其列入集团公司黑名单。

（四）工程进度款支付管理

（1）工程结算可以根据项目的性质和执行时间采用按月结算、竣工后一次结算、按节点或阶段付款等形式。

（2）施工单位根据合同提出付款申请。付款申请需包含付款事由（合同依据）、工程量清单、价格分析、设计变更和工程签证等原始资料，并有项目经理的签字，加盖单位公章。

（3）付款申请被送交到现场工程监理处，由工程监理独立完成审核并出具意见。授权监理工程师签字并加盖公章后，相关文件被递交到项目公司审查，项目公司根据自身管理流程进行审查签字后开展工程进度款支付程序。

（4）在办理工程付款时，严格按照合同条款支付，不得超付、超前支付或拖期支付；不得缓扣材料款；严禁无合同付款。

（五）变更及索赔管理

（1）大型工程单项费用增加3000万元以内、中小型工程单项费用增加1000万元以内的变更和索赔由直属单位审批。大型工程单项费用增加3000万元及以上、中小型工程单项费用增加1000万元及以上的变更和索赔经直属单位初审后报集团公司审批。

（2）工程变更按立项审查和费用审批两个步骤履行程序，变更项目原则上未经审批（或立项）不得实施，费用未经审批不得结算。现场施工发生的变更经四方签证后视为立项，可立即组织实施，同时完善相关手续，并按权限履行上报审批程序。

（3）承包人应在收到变更指示或变更意向书后的14天内，向监理人提交变更报价书；监理人应按照变更处理程序原则上在收到承包人变更报价书后的14天内商定或确定变更价格，确保变更项目实施。

（4）承包人应在知道或应当知道索赔事件发生后28天内，向监理人递交索赔意向通知书，并说明发生索赔事件的事由；发出索赔意向通知书后28天内，承包人应向监理人正式递交索赔通知书；在索赔事件影响结束后的28天内，承包人应向监理人递交最终索赔通知书。

（5）原则上不接受超过期限申报的变更和索赔项目。

（6）应急抢险项目可立即组织实施，同步补报材料进行审核。

（7）项目公司应建立工程变更、索赔管理台账，直属单位每季度第1个月应将上季度管理台账汇总以电子邮件方式报备集团公司工程建设部。

（六）材料核销

（1）水泥、钢筋、钢板、火工用品、粉煤灰等主要材料可以采用甲控乙购形式。甲控乙购材料由承包人负责招标采购、验收、运输和保管。甲控乙购材料的招标文件须提前报监理人和项目公司审核，招标结果经监理人和项目公司审核同意后确定。承包人与供货方签订的甲控乙购材料合同，须经监理人及项目公司审核同意后方可签订。合同签订后报备监理人和项目公司。

（2）项目公司应做好材料核销工作，严格按规定及时开展材料核销，材料核销原则上一季度开展一次，最少半年一次。

（3）项目公司应于每年1月和7月组织完成半年材料核销，并将经直属单位审核的材料核销报告以电子邮件方式报集团公司备案。

钢筋加工厂材料规范堆放

五、投资控制分析

项目公司应每年开展一次投资控制分析，每年年初编制上年度造价执行报告经直属单位审查后上报集团公司。

年度造价执行报告以审定的执行概算为基准，根据工程建设实际情况，将返概算累计完成投资与核准概算进行对比，找出投资偏离的程度、产生原因和潜在风险因素，并提出下一阶段改进和完善的具体措施。

六、执行概算和备用金管理

执行概算和备用金由直属单位负责管理，执行概算风险储备金由集团公司负责管理。

（1）备用金以执行概算编制时点为界，按已招标（或已签约）的枢纽工程投资与分标概算差值合计的 50% ～ 70% 计列。备用金主要用以解决变更和索赔等。

（2）风险储备金由核准概算静态投资与执行概算静态投资同口径对比之间的差额、枢纽工程基本预备费和价差预备费三部分之和组成。风险储备金的使用由集团公司管理。

工程投资超执行概算需使用风险储备金时，项目投资管控进入预警状态，直属单位须将风险储备金使用申请上报集团公司审批通过后方可实施，工程项目超执行概算分析报告应一并上报。

七、完工验收

应完全按照合同有关专用条款实施，承包人完成合同范围内的全部单位工程以及有关的工作项目后，向项目公司和监理人提交完工验收申请。完工验收的主要程序是承包人申请→监理人审核→签署工程移交证书→进入保修期。

完工验收标准：

（1）完工验收所采用的各项验收和评定标准应符合国家及行业验收标准。项目公司和承包人为竣工验收提供的各项完工验收资料应符合国家及行业验收的要求。

（2）承包人完成本合同全部工程后，应由项目公司按合同条款进行完工验收。

（3）如经考核评定，工程未能达标，则由项目公司、监理人、承包人等单位，分析原因，责任方承担责任。

八、完工结算

工程接收证书颁发后按合同约定时间，承包人申报完工结算书，经监理人审核后报项目公司审核，最后完工结算书由项目公司委托的第三方审计人审核并经承包人确认后为最终的工程结算金额。

（1）结算尽量采用信息化系统进行处理。合同预付款应按照合同约定按时定期扣回。

（2）单项合同工程竣工验收后 9 个月内须完成完工结算工作，结算的依据是合同、施工图、设计及合同变更批准文件、现场签证单以及合同执行过程中形成的会议纪要等。

九、工程建设项目审计

审计方式包括：全过程跟踪审计、工程竣工决算审计、专项审计，其中全过程跟踪审计、工程竣工决算审计全部委托社会中介机构实施。审计依据包括国家、行业、集团公司涉及工程建设项目审计的法律法规及规章制度，审计范围涵盖工程内部控制和建设管理全过程，主要包括投资立项、勘察设计、招投标管理、合同管理、物资管理、安全和质量管理、工程实施、工程造价、财税管理、竣工验收、竣工决算等环节。

十、处理期限

监理人应在收到承包人提交的完工付款申请单后按合同约定时间完成复核，并与承包人协商修改后，在完工付款申请单上签字和出具完工付款证书报送项目公司审批。项目公司应在收到上述完工付款证书后按合同约定时间审批后支付给承包人。

第八节　工程档案管理

一、管理要求

（1）项目公司对项目档案工作负总责，实行统一管理、统一制度、统一标准，遵循“谁形成、谁归档，谁归档、谁负责”的原则。项目档案应反映工程建设过程及实体质量情况，满足项目建设、管理、监督、运行和维护等活动在证据、责任和信息等方面的需要。

（2）项目档案工作应融入项目建设，与项目建设管理同步，纳入项目建设计划、质量保证体系、项目管理程序、合同管理和岗位责任制。

（3）项目公司及各参建单位（勘察、设计、施工、总承包、监理、设备制造、第三方检测等单位）应加强项目文件过程管理，通过节点控制强化项目文件管理，实现从项目文件形成、流转到归档管理的全过程控制。

（4）项目公司应明确项目档案工作的分管领导，设立项目档案管理机构，立项阶段须明确档案管理责任人，施工准备阶段须配备至少一名专职档案管理人员。档案管理人员应具备档案专业知识和技能，掌握一定的项目管理和相关工程技术专业知识，经过项目档案管理培训。在项目建设期间应保持档案人员的稳定。

（5）项目公司工程管理相关部门和各参建单位应配备或指定专人负责项目文

件管理工作，明确归档责任，在项目建设期间不得随意更换。

（6）尽可能委托有资质的第三方机构开展全过程档案技术服务，重点做好档案创优实施方案策划、档案管理工作阶段性检查指导以及档案知识和实务培训、审核各参建单位档案资料的齐全性、完整性、准确性、时效性、系统性、规范性和协助公司开展档案材料的收集、整理、分类、立卷、档案数字化加工、电子文件挂接等工作。

（7）尽早完成档案管理制度编制，建立定期的档案检查机制，每月至少组织开展一次档案管理工作阶段性检查和指导，对各部门、各参建单位档案形成、收集、整理（含分类、组卷、排列、编目、装订）、归档、数字化加工等档案管理工作开展监督检查，对检查过程发现的问题整理出问题清单，提出书面整改意见，监督落实整改，并做好验收。

（8）尽早配置标准化的档案保管场所，增设档案智能化设备，配齐现场项目档案和后方档案等管理人员，抓好工程建设全过程档案资料的收集和整理，确保工程档案齐全，归档及时，实现数字化信息化管理。

二、项目资料的收集

（1）项目公司各职能部门负责收集、整理项目前期、施工、竣工、生产准备与考核期阶段文件以及设备、工艺和涉外文件。

（2）勘察、设计单位负责收集、整理勘察、设计文件，并于任务结束后向建设单位移交完整、准确、规范的设计基础材料和设计文件。

（3）施工单位负责项目施工过程中文件的收集、整理，并在每个分部工程或单位工程完成时同步归档，工程竣工时，向项目公司移交。项目实行总承包的，由各分包单位负责其分包范围内文件收集、整理，并提交总承包单位汇总、归档、移交建设单位；项目分别向几个单位发包的，由各承包单位负责收集、整理其承包范围内的文件，移交项目公司。

（4）监理单位负责收集、整理项目监理文件，建设项目实体验收后向项目公司移交归档。

（5）其他参建单位应按合同约定和规范要求收集、整理职责范围内的项目文件，并及时移交项目公司归档。

（6）项目竣工文件的收集、整理与归档应做到“五同步”：下达工程任务与提出项目文件归档要求同步、检查项目计划进度与检查项目文件积累情况同步、工程验收与档案验收同步、项目总结与归档的项目文件材料交接同步、项目文件材料归档进度与档案信息化进度同步。

（7）各施工单位应在项目实体完成验收（或中间交接验收）后3个月内，向项目公司移交项目文件；有尾工的项目应在其完成后立即移交。

三、档案信息化管理

（1）推动档案管理与利用的电子化、网络化，推进以信息化为核心的档案管理现代化。

（2）配备智能密集架及管理系统，实现查询档案自动开架；配备高速扫描仪、工程图纸扫描仪、空调温湿度控制系统、火灾自动报警和灭火系统等全套先进设备，实现档案信息资源的传输网络化、管理自动化、服务在线化，达到通过计算机系统进行档案查询利用目的，实现档案信息资源共享。

四、项目档案验收

（1）档案验收是项目竣工验收和达标投产复验的重要组成部分，所有建设项目必须进行档案验收，验收工作纳入基层企业星级评价内容。未经档案验收或档案验收不合格的项目，不得进行或通过项目的竣工验收。

（2）开展竣工验收的建设项目应在验收前3个月提交申请，其他建设项目在考核期结束后3个月内提交。在此期限内工程尚未进行达标预检的项目，在通过达标投产预检后1个月内提交申请。

第九节 年度达标投产和质量监督

一、年度达标投产

（1）根据集团公司颁发的《水电建设工程达标投产考核办法》《中国华电集团有限公司电力工程建设管理规定》《中国华电集团有限公司水电工程建设管理办

法》和现行标准、规程、规范及时制定达标投产相关的管理制度，并组织实施。

（2）工程通过达标投产验收为工程建设的基本要求，工程建设所有的招标、合同签订和工程实施中，都应体现达标投产的要求。工程主体开工前，项目公司应组织有关参建单位编制达标投产实施细则，并在建设过程中组织实施。

（3）项目公司负责协调各参建单位达标投产的工作，及时向参建单位通报有关达标投产的工作计划安排。负责组织达标投产的过程考核和组织配合验收工作。

（4）工程达标投产考核工作采用年度考核与竣工考核相结合的方式，分自检、复检两个阶段进行，自检由直属单位组织，复检由集团公司组织。

（5）年度达标投产考核工作范围为上年 12 月 1 日至当年 11 月 30 日工程建设项目，一般在当年 12 月完成。

二、质量监督

根据《水电工程质量监督检查大纲》规定，水电建设工程质量监督一般采取巡视检查的工作方式。巡视检查主要分为阶段性质量监督检查、专项质量监督检查和随机抽查质量监督检查。

（一）质量监督检查频次

质监机构根据工程建设的实际情况确定每年开展巡视检查的次数和时间，工程准备期通常每年开展 1 次质量监督检查；主体工程施工期通常每年开展 1 ～ 2 次质量监督检查，重要施工阶段可增加检查次数；工程完建期可仅进行阶段性质量监督检查。

（二）参建单位资料准备

工程建设各方，包括建设、勘察、设计、监理、施工、检验检测等单位均应按质监机构的要求准备自查报告（经审核并加盖公章）和备查资料。对阶段性质量监督检查或专项质量监督检查自查报告，工程建设各方应明确工程是否具备阶段性或专项工程验收条件的结论意见。

（三）阶段性质量监督检查

阶段性质量监督检查包括首次质量监督、截流阶段质量监督、蓄水阶段质量监督、机组启动阶段质量监督和竣工阶段枢纽工程专项验收质量监督。除首次质量监督外，阶段性质量监督检查应提出工程质量是否满足相应阶段验收条件的结论意见。

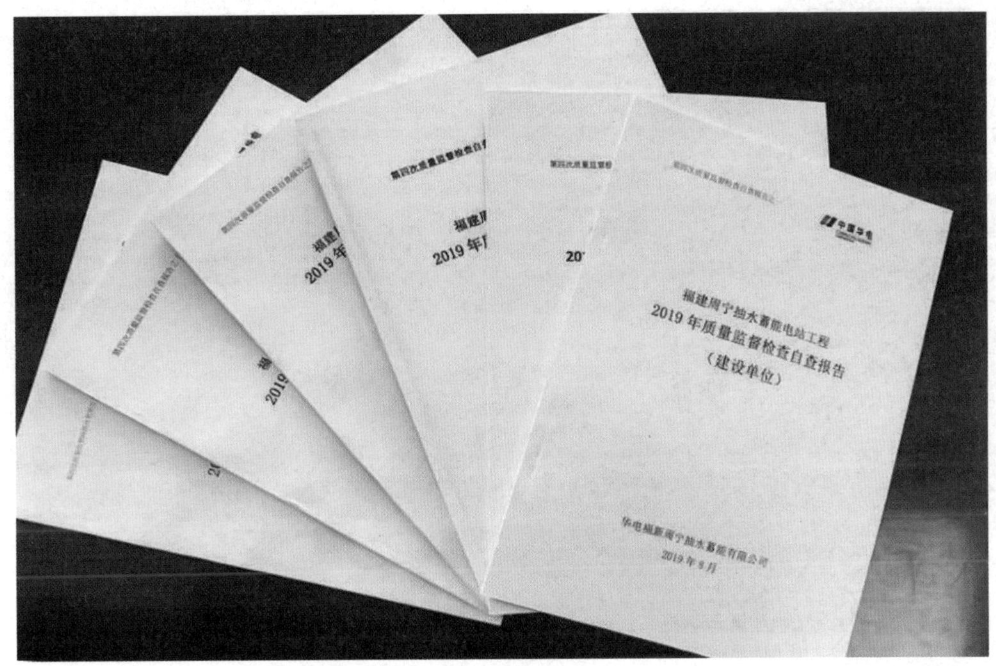

各参建单位年度质量监督检查报告

1. 首次质量监督检查前应具备的条件

（1）工程建设单位已按规定办理了工程质量监督注册手续。

（2）进场的责任主体单位项目组织机构已建立，人员已到位。

（3）施工机具与设施满足本阶段工程需要。

（4）已进场的工程原材料质量证明文件齐全，按规定复检合格。

（5）施工组织设计已审批。

（6）对外交通、施工供电、施工通信等工程施工准备阶段工作基本完成。

2. 截流阶段质量监督检查前应具备的条件

（1）截流目标明确，与截流相关的工程建设形象面貌基本满足设计提出的截流要求，少量未完工作已有明确计划安排，不影响工程截流。

（2）与截流相关工程质量验收评定基本完成，质量合格。

（3）截流准备工作基本就绪。

（4）与截流相关的各责任主体单位已提交截流工程质量自查报告，并有具备截流条件的明确结论。

工程截流

3. 蓄水阶段质量监督检查前应具备的条件

（1）工程蓄水目标明确，与蓄水相关的工程建设形象面貌基本满足设计提出的下闸蓄水要求，少量未完工作已有明确计划安排，不影响下闸蓄水。

（2）与蓄水相关工程质量验收评定基本完成，质量合格。

（3）工程蓄水准备工作基本就绪。

（4）与蓄水相关的各责任主体单位已提交蓄水阶段质量监督自查报告，并有具备蓄水条件的明确结论。

4. 机组启动阶段质量监督检查前应具备的条件

（1）机组启动试运行应投入的机电设备和系统、相关的金属结构设备、相应的水工建筑物工程已按设计要求完成施工和安装调试，质量验收合格。如有少量未完尾工，已制订明确的计划和实施方案，完成后可满足机组启动要求。

（2）机组静态调试项目已全部完成，且经验收合格。如有少量未完尾工，已制订明确的计划和实施方案，完成后可满足机组启动要求。

（3）生产准备工作已就绪。

（4）首台机组启动质量监督时，枢纽工程已通过蓄水验收，工程形象面貌已能满足初期发电的要求。

（四）专项质量监督检查

抽水蓄能电站项目需开展输水系统充（排）水试验前专项质量监督、电站受电前电气设备专项质量监督，若有高坝需开展坝基覆盖前专项质量监督。

1. 输水系统充（排）水试验前专项质量监督检查前应具备的条件

（1）电站进水口、输水系统、厂房内流道系统、尾水出口及邻近边坡等与输水系统充（排）水试验相关的土建工程、金属结构及相关机电设备安装调试完成，相关安全监测仪器设备安装完成并取得初始值。

（2）相关土建工程、金属结构及相关机电设备工程、安全监测工程已验收合格。

（3）历次质量监督检查中提出的与输水系统充（排）水有关的意见和质量问题全部整改闭环。

2. 电站受电前电气设备专项质量监督检查前应具备的条件

（1）电站受电范围内土建工程施工完成，质量验收合格。

（2）电站受电范围内电气设备安装完成，相应的电气试验及保护调试完成，并完成质量评定，验收合格。

（3）受电区域通风空调及其他相关公用设施安装调试完成，具备投运条件。

（4）电站受电的输电线路具备带电条件。线路保护通道对调结束，双侧调试完成。

3. 坝基覆盖前专项质量监督检查前应具备的条件

（1）大坝河床坝基开挖基本完成。

（2）坝基开挖施工质量检验评定资料齐全。

（3）地基缺陷处理完成或已制订针对性处理方案。

（4）参建各方已编制完成坝基开挖质量自查报告。

第十节　重点试验项目和阶段验收

一、重点试验项目

（一）输水系统充排水

输水系统充排水试验是核验设计合理性和结构可靠性，检查输水系统是否存在问题，以便及时采取处理措施，消除隐患，为今后电站正式运行提供可靠的质量、安全保证。

（1）项目公司在输水系统充排水前，组织相关参建单位根据《抽水蓄能电站输水系统充排水技术规程》（DL/T 1770—2017），结合工程实际情况，制订实施方案和应急预案。

（2）建设期首次充水试验宜按照尾水道、机组过流段、引水道的顺序进行。充水后，相关水工建筑物和机电设备无异常，可不进行排水试验。尾部式开发电站，尾水道与机组过流段合并考虑，充排水按机组过流段的要求进行。

（3）工作程序：

1）充排水前，应成立充排水工作机构，明确职责及工作内容，相关的技术要求、实施方案及程序文件通过审批，充排水条件进行检查确认，遗留问题应完成整改，对地质探洞、施工支洞等需进人检查的有限空间进行空气质量检测。

2）充排水时，应执行批复的实施方案，调整实施方案应通过审批。

3）充排水后，应总结并提出报告。

（二）倒送电

系统倒送电是指送出线路、开关站设备、主变压器、厂用电设备分部调试后、投运前所进行的一系列试验过程。包括涉网调试、涉网验收、开关站受电试验、主变压器及厂用电受电试验、升压站及主变压器、厂用变压器带负荷相量测试试验、开关同期试验等。倒送电前应组织开展开关站启动验收工作。

宜将送出工程作为基建主体工程进行跟踪协调，成立送出工程推进组织机构加强送出工程进度分析，帮助施工单位对送出工程存在问题的沟通和协调力度，必要时安排专人协助施工方开展工作。

二、阶段验收

（一）工程截流

工程截流是以截断主河道水流，主体工程围堰开始挡水，导流建筑物过水为标志。截流验收应根据审定的设计方案对于导流建筑物、截流准备工作及围堰设计、施工方案进行检查和验收，以保障截流及围堰挡水后的工程施工及上、下游人民生命财产安全。

电站 GIS 设备

（1）截流前，与截流有关的导流泄水建筑物工程应施工完成，工程质量合格，可以过水，且过水后不会影响未完工程的继续施工。导截流阶段移民安置通过地方主管部门验收。截流实施方案及围堰设计方案应通过项目公司组织的评审，并按审定的方案做好各项准备工作。应完成截流后安全度汛方案的审定，措施落实到位，以满足安全度汛要求。完成该阶段的工程安全鉴定和质量监督相关工作。

（2）项目公司应在计划工程截流验收前6个月，向省级人民政府能源主管部门报送工程截流验收申请。

（3）工程截流验收，由项目公司会同省级发展改革委、能源主管部门共同组织验收委员会进行，并邀请相关部门、直属单位、有关单位和专家参加。验收委员会主任委员、副主任委员担任按有关规定执行。

（二）下闸蓄水

工程蓄水是指截断通过导流建筑物的水流，拦河大坝开始挡水，水库蓄水，标志着主体工程即将发挥效益。工程蓄水前应进行验收。

（1）项目公司应根据工程进度安排，在计划下闸蓄水前6个月，向省级人民政府能源主管部门报送工程蓄水验收申请。工程蓄水验收申请报告应同时抄送技术主持单位。

（2）下闸蓄水验收前应完成蓄水安全鉴定，安全鉴定重点工作有：

1）检查工程形象面貌是否符合蓄水要求。

2）检查评价安全鉴定范围内工程设计、施工是否满足国家和行业规程规范、经批准的设计文件以及相关合同文件规定的质量和安全标准。重点检查关键部位、出现过质量事故的部位等，必要时应使用技术手段进行检验检测。

3）评价工程蓄水方案的合理性。

4）评价工程防洪度汛方案和措施的合理性和可靠性。

5）评价与蓄水安全有关的工程项目是否满足工程蓄水的要求。

（3）验收应具备的条件。

1）大坝基础和防渗工程、大坝及其他挡水建筑物的高程、坝体接缝灌浆等形象面貌已能满足水库初期蓄水的要求，工程质量符合合同文件规定的标准，且水库蓄水后不会影响工程的继续施工及安全度汛。

2）引水建筑物的进口已经完成，拦污栅已就位，可以挡水。

3）水库蓄水后需要投入运行的泄水建筑物已基本建成，蓄水、泄水所需的闸门、启闭机已安装完毕，电源可靠，可正常运行，控制泄水，调节库水位。

4）各建筑物的内外观测仪器、设备已按设计要求埋设和调试，并已测得初始值。

5）导流建筑物的封堵门、门槽及其启闭设备，经检查正常完好，可满足下闸封堵要求。

6）初期蓄水位以下的库区工程和移民已基本完成，库区清理完毕；库区文物古迹保护已得到妥善解决；近坝区的地形测量已经完成；蓄水后影响工程安全运行的渗漏、浸没、滑坡、塌方等已按设计要求进行处理。

7）已编制下闸蓄水施工组织设计，并做好各项准备工作，包括组织、人员、道路、通信、堵漏和应急措施。

8）为保证初期运行的安全，已制订水库调度和度汛规划，水情测报系统已能满足初期蓄水要求，可以投入运用；水库蓄水期间的通航及下游因断流或流量减少而产生的问题，已得到妥善解决。

9）生产单位的准备工作已就绪，已配备合格的操作运行人员和制定各项控制设备的操作规程，生产、生活建筑设施已能满足初期运行的要求。

10）工程安全鉴定单位已提交工程蓄水安全鉴定报告，并有可以下闸蓄水的明确结论。库区移民初步验收单位已提交工程蓄水库区移民初步验收报告，并有库区移民不影响工程蓄水的明确结论。

11）有关验收的文件、资料已齐全。

（三）机组启动试运行

（1）机组启动试运行内容。机组启动试运行是指可逆式抽水蓄能机组完成设备分部调试后、投产前所进行的一系列试验过程。包括水泵工况启动试验、水轮机工况启动试验、水泵工况调相试验、水泵抽水与停机试验、机组带负荷甩负荷试验、各种工况转换试验、15 天考核试验等。

电站 GIS 设备安装

（2）启动试运行流程。机组设备分部调试完成且进行了质量监督活动后，可申请召开启委会。启委会主任委员单位为直属单位，副主任委员单位为工程所在地的省发展和改革委员会、国家能源局监管办公室、市人民政府和国网直属电力公司，委员单位为工程所在地的省水利厅、重点项目建设领导小组办公室、国网直属电力调度控制中心、电力交易中心、检修分公司、市发展和改革委员会、市工业和信息化局、市水利局、县人民政府、县发展和改革委员会、县工业和信息化局、县住房和城乡建设局、县水利局、工程质量监督站、安全鉴定单位与工程主要参建单位。第一次会议，根据启委会会议决议方可进入启动试运行阶段；调试单位根据《可逆式抽水蓄能机组启动试运行规程》（GB/T 18482—2010）完成相关启动调试项目后，可由试运行指挥部提出申请并得到启委会主任批准、电网同意，可开始 15 天考核试运行。15 天考核试运行完成并达到标准规定的各项考核要求后，由试运行指挥部申请召开启委会第二次会议，决定机组是否满足进入商业运行及签署机组启动验收阶段鉴定书条件，并签署机组启动验收阶段鉴定书。

第十一节　重点关注事项

一、上水库工程

上水库一般来水较小，除雨水外一般无天然来水。因此上水库的水资源非常宝贵，施工过程中除控制好工程实体质量外，应重点关注库盆的防渗处理。

二、下水库工程

下水库大坝无论是碾压混凝土重力坝还是面板堆石坝，对石料的需求量均很大，因此应重点关注有用料的收集工作。下水库工程区受地形限制，一般边坡较为陡峻、覆盖层相对较薄，在坝肩开挖时存在大量的有用料。为避免资源浪费，应提前规划好开挖施工顺序，待覆盖层剥离清理完成后，再进行石方开挖，以利于有用料的收集减少污染。

三、厂房工程

（1）地下厂房系统洞室纵横交错，结构复杂，施工任务重，因此，厂房分层如何结合施工通道布置和施工总体程序如何安排应提前进行规划设计。

（2）主厂房上游高边墙有引水洞进入，下游边墙自上而下有进厂交通洞、母线洞、尾水支洞等穿过。洞室交叉部位结构开挖施工难度大、施工安全突出，应予以高度重视。厂房顶拱、高边墙部位以及不良地质段、洞室交叉部位的开挖、支护施工、地下水的防治以及围岩监测施工是厂房开挖支护阶段的难点与重点，应根据工程特点提前制定好相关方案与处理措施。

（3）厂房岩锚梁部位对开挖质量要求很高，应作为重点进行控制，开挖施工前，应做专项技术方案，相关方案通过参建各方讨论商定后方可实施。

（4）地下厂房系统洞室纵横交错，与地面通道距离较长，施工所产生的有毒有害气体不易排出，因此，施工期间应及时完善通排风系统，避免影响施工作业人员健康、工程现场安全文明施工环境及施工进度。

厂房岩锚梁岩台开挖

四、输水系统工程

（1）输水系统分为引水系统及尾水系统。引水系统通常线路较长、高差大，一般由上水库进出水口、上平洞、上斜井、中平洞、下斜井、下平洞及引水支管组成。尾水系统相对较短，一般由下水库进出水口、上平洞、斜井段、下平洞及尾水支管组成。

（2）输水系统的施工应重点关注斜井段的施工，现阶段斜井的导洞施工一般采用定向钻机自上而下施工导孔，并二次扩大为较大直径导孔，然后采用反井钻机自下而上反拉形成导井。导孔施工过程中应注意及时纠偏，保证导孔贯通误差满足规范要求。

（3）斜井扩挖过程中应及时完善提升系统，载人提升系统应单独设置，并严禁人货混装。扩挖过程中应根据围岩情况优化爆破参数、控制好爆块粒径，斜井下方的渣料应及时清理，以避免堵井事件的发生。

（4）高压管道内钢衬安装及混凝土回填施工，是输水系统施工中一个重要环节，由于斜井钢管安装需分节运输、拼装及焊接，回填混凝土要穿插分段进行浇筑，钢管安装在浇筑的间歇时间进行，其施工干扰大、工期长。目前国内钢衬安装通常采用的分节长度为 6m 左右，混凝土回填分段长度一般为 6 ～ 24m，斜井内拼节焊接全部采用手工作业的方式。

（5）输水系统施工，由于作业面与地面通道距离较长，施工所产生的有毒有害气体不易排出，因此，施工期间应及时完善通排风系统，避免影响施工作业人员健康。

五、机电安装工程

（1）设备采购宜提前半年到一年进行市场调研，主机等设备采购工作宜和主体标同步开展，消防设备等可能影响设计图纸出具的设备应尽早安排采购。抽水蓄能机组比常规机组工况多，安装调试工期较同规模常规水电站工期更长，在考虑总进度节点工期时应留有余地。

（2）设备供货计划应综合考虑安装计划和设备生产周期、运输周期等因素，提前和设备供应商确定供货时间，并做好设备生产制造过程跟踪，及时掌握设备制造情况。项目公司宜成立供货协调机构，根据工程进展情况定期组织机电安装单位召开供货协调会，及时对供货计划进行调整，机电安装后期供货专项协调会宜每周召开一次，临时事项宜在每日协调会上及时协调处理。厂房桥机主梁、主变压器等大件运输应督促设备厂家提前制订运输方案并采取相应措施，保证设备供货的安全和及时。

（3）施工图纸管理。机电设备图纸应至少在相关设备和系统安装前 3 个月足量提供并分发至项目公司、监理单位和施工单位。项目公司宜成立供图协调机构，定期组织召开供图协调会，对施工图纸、设备随机图纸、技术说明书等技术资料提供情况进行协调，机电安装中后期供图协调会宜每月召开一次，临时事项宜在每日协调会上及时协调处理。

（4）机电安装安全、质量及进度管理。项目公司应成立安全、质量及进度协调机构，全过程开展质量和进度管理协调工作。机电安装前期质量进度协调会可结合土建工程质量进度协调会每周召开，机电安装中后期应增加每日质量进度协调会议，设计、监理、施工等单位同时参加，及时对现场安全、质量、进度、供图、供货等进行实时协调。针对可能出现的进度滞后情况应根据具体情况采取增加投入、调整施工工艺、优化施工工序等手段及时进行纠偏。

蜗壳焊接

六、启动调试

（1）开关站、机组启动试运行前，相关设备的分部调试应完成。同时应成立开关站、机组启动验收委员会和启动试运行指挥部，上述机构应行文直属单位并得到相关批复。

（2）调试单位宜在分部调试开始前2个月进驻现场，熟悉现场环境，收集资料，编写调试大纲及调试方案等材料，并全过程参与分部、分系统调试监督和验收工作。

（3）分部调试、整组调试项目应编制调试进度计划，宜采用项目清单形式进行进度管理。

（4）涉网部分调试（含开关站、主变压器、机组）前，应根据不同区域，不同级别的调度部门相关规定完成启动前准备工作，并在启动前通过调度部门涉网安全验收。

（5）开关站、主变压器等启动调试方案应提前3个月报送调度部门审核，并经启动验收委员会批准后方可实施。

（6）机组启动试运行大纲宜提前3个月提交电力系统有关部门审核、备案，并经启动验收委员会批准后方可实施。机组启动试运行过程中应与调度密切联系，并根据调试项目提前申报相应的试验时间和负荷曲线。

（7）上水库未蓄水的电站，宜选择水泵工况方式启动。在完成SFC启动试验和水泵调相试验后，可进行水泵抽水试验向上水库充水。上水库已蓄水的电站，宜选择水轮机工况方式启动。

（8）首台主变压器受电宜采用倒送电的方式，由系统向主变压器进行冲击受电。首台主变压器受电试验中，宜采用一定容量电容器做试验负载，进行向量测量试验。后续主变压器受电试验，根据机组安装进度情况，可以对主变压器进行零升试验，进行向量测量。

（9）为提高调试工作效率，强化指挥调度，加强各参加单位、部门间的沟通协调，调试期间应召开日协调会落实试运工作的安排，及时有效地处理调试过程中出现的各种问题，确保调试作业安全、有序、高效运转。

七、其他重点关注事项

（1）施工期间应加强渣场管控力度，以避免乱堆乱弃及水土流失。

（2）开挖剥离的表土应集中堆存至规划的表土堆场，以便后期复绿使用。表土堆存场应考虑设置在非淹没区，结合库内植被混凝土、后期水土保持与景观绿化表土使用量设置表土堆存场。

（3）大坝坝体填筑过程中，除控制好坝体填筑质量外，还应加强安全监测仪器的保护工作。如堆石坝的沉降测斜管保护，碾压混凝土坝的温度计、渗压计保护等。面板堆石坝填筑完成后，为确保面板混凝土质量，防止出现面板裂缝，经坝体自然沉降 4 ～ 5 个月后，沉降满足设计要求后开始浇筑面板混凝土，并强化面板内部安全监测仪器的保护工作。

（4）机电安装关键节点建议。倒送电相关设备安装宜在倒送电前 1 个月完成，以满足调试、涉网验收、试验等要求。倒送电宜在首台机组投运前 3 个月完成，机组总装也宜在投运前 3 个月完成。厂用电系统宜在首台机组计划投运前 6 个月完成，以满足公用系统及辅助设备调试电源需要。渗漏、检修排水系统宜在下闸蓄水前完成，以满足下闸蓄水后渗漏排水需要。油、水、气系统应在机组流道试验前，以满足尾水管、引水系统充排水试验的需要。

湖南桂阳泗洲山抽水蓄能电站（总装机容量 120 万 kW）

云南阿海水电站（混凝土重力坝，总装机容量 200 万 kW）

云南龙盘水电站

第六章　竣工阶段专项工作

第一节　竣工安全鉴定

在枢纽工程专项验收前应完成竣工安全鉴定，项目法人应及时委托有资格单位开展竣工安全鉴定工作，与枢纽工程专项验收申请一并履行上报程序。

竣工安全鉴定工作的重点内容是：

（1）检查工程是否按设计要求全部建成，形象面貌是否符合枢纽工程专项验收要求。

（2）检查评价枢纽工程设计、施工是否满足国家和行业规程规范、经批准的设计文件以及相关合同文件规定的质量和安全标准。重点检查关键部位、出现过质量事故的部位及运行情况，必要时应使用技术手段进行检验检测。

（3）评价枢纽工程初期运行期工作性态。

（4）评价枢纽工程长期运行的安全可靠性。

开展竣工安全鉴定应同时满足以下条件：工程运行已经过至少一个洪水期的考验；最高库水位已经达到或基本达到正常蓄水位；全部机组均已按额定出力运行，每台机组至少已运行2000小时（含电网调度安排的备用时间），且运行6个月以上。

第二节　竣工阶段枢纽工程专项验收质量监督

根据《水电工程质量监督检查大纲》，竣工阶段枢纽工程专项验收质量监督检查前应具备以下条件：

（1）工程已按批准的设计规模、设计标准全部完成，建设过程及运行初期所发现的问题已处理完成。除特殊单项工程外，各单项工程能正常运行。

（2）工程运行至少经过一个洪水期的考验，最高库水位已经达到或基本达到正常蓄水位。

（3）机组已能按额定功率正常运行，每台机组至少运行 2000 小时（抽水蓄能机组含备用时间）。

（4）历次质量监督检查提出的意见已经整改。

竣工阶段专项验收质量监督会议

第三节　竣工达标投产

工程达标投产竣工考核应经历 1 个汛期的运行考验并在机组全部投产后 18 个月内完成，由直属单位向集团公司提出申请，否则视为放弃竣工考核；集团公司根据直属单位的申请和竣工自检报告并结合工程验收进展情况，适时组织竣工达标投产考核复检。根据集团公司《水电建设工程达标投产考核办法》，竣工达标投产考核结果采用当次得分率和历次年度考核总得分率加权组合，当次得分率权重占 50%，历次年度考核总得分率权重占 50%。

第四节　竣工结算

工程竣工结算在工程全面投产后 18 个月内完成，批准后的尾工项目随竣工结算报告上报集团公司备案。

竣工结算严格按照合同约定方式开展，竣工结算阶段应保持项目管理人员相对稳定，项目公司及时组织项目竣工结算，引入第三方造价咨询和审计单位加强造价管理，竣工结算均经第三方造价咨询单位审核，主要结算原则须进行调整和变更，按规定需上报审批的，需将发生重大变化的原因及拟解决方法上报，得到变更批复后方可办理结算手续。

第五节　尾工项目管理

尾工项目，指在编制基建项目工程竣工决算时，可研报告内未完工程、设计变更、国家或集团公司验收及检查要求完善项目、部分不影响主体工程运行和效益发挥等以预估费用纳入竣工决算的项目。包括：竣工决算时，尚未开工的、已开工但尚未竣工的、已完工但未结算或尚未完成结算审计的项目。

直属单位应在项目竣工结算前 3 个月内完成尾工项目梳理并报集团公司审批。

（1）预留的尾工项目投资不得超过枢纽工程概算投资的 5%。

（2）直属单位应指导项目公司严格按批准的尾工方案及预留费用进行施工。严禁利用尾工项目实施未经批准的建设内容。

（3）预留的尾工应在竣工结算报告上报备案后的一年内建设、验收并结算完成。对于超期未完成的尾工项目，直属单位应认真组织项目公司研究未完尾工建设的必要性、投资、工期等。

（4）尾工建设完成后，应根据实际结算费用调整竣工决算投资。

（5）尾工项目确立原则。

1）不影响主体工程正常运行和效益发挥的未建成的个别单位工程。

2）不影响工程正常安全运行，由于特殊原因致使少量工程未完成的工程。

3）验收遗留问题和提出的处理要求，短期内无法完成的工程。

4）经验收具备投产条件的项目，原则上不得留有未完工程。如确有未完工程概算项目，可以根据概算项目编报未完（收尾）工程建设预算明细表，将预算投资纳入竣工决算。

5）已完成招标、已签订合同或已实施但未完成的工程项目，凡尚未办理结算支付且后续将发生工程结算或费用支付的，其后续计划投资额均应纳入尾工计划，并相应列入竣工决算额度内。

第六节　创优报奖和精品工程总结评价

一、工程创优报奖

（一）工程创优目标

工程创优是贯彻新发展理念，构建新发展格局，以高质量建设助力集团公司高质量发展的具体实践，是精品工程创建的重要组成部分，项目公司应积极开展工程创优报奖相关工作。

项目公司应根据本项目特点、难点、创新点，结合各类优质工程奖项评选办法，科学分析，积极申报工程奖项，确保获得中国电力优质工程奖或省部级奖项，争创国家优质工程奖、中国建设工程鲁班奖、中国土木工程詹天佑奖、中国安装工程优质奖等。

国家优质工程金奖和鲁班奖

（二）工程创优实施

工程创优工作宜尽早规划，在工程招标前确定要申报的目标奖项，将奖项评审要求列入合同内，并制订实施措施，确保工程各项要求满足奖项评审条件。

例如要申报国家优质工程奖，在工程建设所有的招标、合同签订和工程实施中，根据《国家优质工程奖评选办法》《国家优质工程奖综合评价细则》《中国电力优质工程评审及推荐办法》《电力建设工程地基结构专项评价办法》《电力建设绿色施工专项评价办法（2017 试行版）》《电力建设新技术应用专项评价办法（2017 试行版）》等规定，明确工程创优的目标和责任，强化创优工作管理、监督、检查和奖惩机制，精细管理。在工程实施中，细分目标、细分标准、细分任务、细分流程，对现场问题清单化、项目化，实施精确计划、精确决策、精确控制、精确考核的科学管控。

二、精品工程创建评价及总结

（一）精品工程总结

竣工验收阶段项目公司须开展精品工程创建总结，围绕本项目精品工程实施方案及“优质、创新、绿色、效益、数字、廉洁”六个维度专项方案，具体总结方案落实情况，分析精品工程创建过程中遇到困难和问题，归纳总结采取的先进措施、优秀工艺、创新技术等主要工作亮点，形成特色鲜明、可复制可推广的抽水蓄能电站精品工程建设成果。精品工程创建总结包含但不限于以下内容：

1. 优质工程总结

总结优质工程目标完成情况，评价工程创优、施工准备及开工管理、施工组织、安全管理、质量工艺、档案管理、竣工验收和达标投产等工作开展情况。

2. 科技创新工程总结

总结科技创新工程目标完成情况，评价科技创新的管理体系、制度建设、保障措施、成果提炼和人才培养等工作开展情况。

3. 生态文明工程总结

总结生态文明工程目标完成情况，评价生态文明工程的特点及重难点、总体布局、重点措施、实施计划、过程管理等工作开展情况。

标准化厂房

大坝边坡绿化

4. 综合效益好工程总结

总结综合效益好工程目标完成情况，评价综合效益好工程的招标采购、合同管理、投资控制、风险控制、竣工结算（决算）等工作开展情况。

5. 数字工程总结

总结数字工程目标完成情况，评价数字工程规划、平台搭建、数字平台对工程的提升效果和数字电厂建设等工作开展情况。

6. 廉洁工程总结

总结廉洁工程目标完成情况，评价党风廉政建设、一岗双责、三清企业建设、监督措施等工作开展情况。

（二）精品工程评价

建设单位要收集、总结、提炼精品工程建设成果，按照集团公司《电力项目精品工程评价管理办法》有关要求开展评定。

第七节　重点关注事项

（1）项目公司应在主体工程开工前落实好内、外部建设条件，直属单位在建设过程中应及时加强协调和指导，力争“无尾工”移交生产。

（2）项目公司除了完成工程高质量建设工作以外，还应加强与工程创优相关奖项评选单位的过程沟通，提前策划、组织、参与各类和工程创优有关的学习交流、会议、检查、评比等活动，收集、整理和保存创优活动开展的过程资料，对优秀技术成果和先进建设管理经验及时总结，挖掘工程中可申报科技成果奖、专利、工法、质量管理小组活动成果奖等创新点和亮点，确保创优加分。

贵州福泉坪上抽水蓄能电站（总装机容量 120 万 kW）

云南赛格水电站

云南马吉水电站

第七章　竣工阶段验收工作

第一节　竣工阶段专项验收

一、枢纽工程专项验收

枢纽工程专项验收是工程已按批准的设计规模、设计标准全部建成，并经过规定期限的初期运行检验后，根据批准的工程任务，对枢纽功能及建筑物安全进行的竣工阶段的专项验收。项目公司在枢纽工程专项验收计划前3个月，向项目审批部门提出枢纽工程专项竣工验收申请，项目审批部门委托有资质单位与省级政府主管部门组织枢纽工程专项竣工验收委员会进行。枢纽工程专项竣工验收委员会听取并研究工程建设报告、监理报告、工程竣工安全鉴定报告，以及生产、设计、施工、质量监督等有关单位的报告，对枢纽工程存在的主要问题提出处理意见。提出枢纽工程专项竣工验收鉴定书。

枢纽工程专项竣工验收应具备的条件：

（1）枢纽工程已按批准的设计规模、设计标准全部建成，质量符合合同文件规定的标准。

（2）施工单位在质量保证期内已及时完成剩余尾工和质量缺陷处理工作。

（3）工程运行已经过至少一个洪水期的考验，最高库水位已经达到或基本达到正常高水位，水轮发电机组已能按额定出力正常运行，各项工程运行正常。

（4）工程安全鉴定单位已提出工程竣工安全鉴定报告，并有可以安全运行的结论意见。

（5）有关验收的文件、资料齐全。

二、消防工程专项竣工验收

根据《中华人民共和国消防法》，设计单位应当按照国家工程建筑消防技术标准进行设计，项目公司应当将建筑工程的消防设计图纸及有关资料报送有资质的消防审核机构审核；经审核的建筑工程消防设计需要变更的，应当报经原审核机构批准；按照国家工程建筑消防技术标准进行消防设计的建筑工程竣工时，必须经消防主管部门进行消防工程专项竣工验收，消防主管部门按照国家消防技术标准进行消防验收，并签发《建筑工程消防验收意见书》。

消防工程专项竣工验收应具备的条件：

（1）消防工程设施竣工后，建设、施工安装单位须委托具备资质的建筑消防设施检测单位进行技术检测，取得建筑消防设施技术测试报告。

（2）项目公司向消防主管部门提出工程消防验收申请，报送建筑消防设施技术测试报告，填写《建筑工程消防验收申请表》。

（3）消防验收材料齐全，申请消防验收时应提供资料有：《建筑工程消防验收申报表》原件及软盘；建筑构件、材料防火性能和消防产品的清单及出厂合格证，消防产品相关证书复印件加盖原单位章；《建筑工程消防设计审核意见书》及相关批复文件复印件，自动消防设施技术测试合格的报告、电气检测报告；建筑设施调试合格开通报告，施工安装、调试记录、隐蔽工程记录，设计、施工变更内容记录等相关资料，消防工程设施安装单位资格证书复印件加盖原单位章；钢结构防火喷涂施工记录；竣工图纸及相关资料。

三、劳动安全与工业卫生专项竣工验收

根据《中华人民共和国安全生产法》《中华人民共和国职业病防治法》规定，工程项目的安全设施和职业病防护设施，必须与主体工程同时设计、同时施工、同时投入生产和使用（以下简称“三同时”）。建设项目竣工投入生产或使用前，必须依照有关法律、行政法规的规定对安全设施和职业病防护设施进行验收，验收合格后方可投入生产和使用。

（一）安全设施竣工验收

根据国家发展和改革委员会、应急管理部有关文件精神及《水电工程验收规程》（NB/T 35048—2015）和国家安全生产监督管理总局《关于做好机械、轻工、纺织、烟草、电力和贸易等行业建设项目安全设施竣工验收工作的通知》（安监总管二字

〔2005〕34号）的要求，由水电水利规划设计总院承担安全设施竣工验收具体工作。根据《水电建设工程安全设施竣工验收办法》（水电规办〔2005〕0002号）、《水电建设工程安全设施竣工验收办法补充规定》（水电规办〔2006〕0011号）、《水电建设工程安全设施竣工验收技术文件编制规定》（水电规办〔2006〕0021号）及《华电集团公司电源建设项目（工程）安全设施“三同时”管理办法（A版）》的有关规定，组织工程项目安全设施竣工验收。安全预评价和安全设施的竣工验收由应急管理部负责。

厂区道路绿化

（1）项目投入生产和使用前，依据国家法律法规、行业规程规范、建设项目安全预评价报告、安全设计专篇及相关专题报告、合同文件、施工图纸等，项目公司委托主体工程设计单位以外的具备国家认定资质的安全评价（中介）机构，对建设项目的安全设施、设备、装置实际运行情况的现场检查及管理状况进行安全验收评价，查找该建设项目投产后存在的危险、有害因素的种类和程度，提出合理的安全对策措施及建议，对未达到安全目标的系统或单元提出安全补偿及补救措施，以满足安全生产要求。

（2）验收评价报告的重点审查内容：劳动安全与工业卫生预评价报告（安全预评价报告）；可行性研究报告（或等同原初步设计）劳动安全与工业卫生设计专篇审定以后的专题报告等；项目公司自检报告、枢纽工程专项验收报告、消防专项验收报告等；其他与安全设施竣工验收有关的审批文件，各阶段验收报告、合同文件及图纸、技术设计文件等；审查建设项目的设施、设备、装置实际情况和管理状况，查找建设项目投产后存在的危险，有害因素，复核其危险度，审查报告提出的安全卫生对策、措施及建议的合理可行性和针对性；检查工程质量（包括设计、施工安装等）是否存在影响工程劳动安全与工业卫生的问题；检查生产过程中的劳动安全卫生对策、措施是否符合劳动安全与工业卫生预评价报告、可行性研究报告（或原初步设计报告）中的设计专篇及其审查意见，合同文件规定的质量和建设工程安全生产法律、法规和强制性标准规定的要求；检查各类安全生产相关资质（资格）、检测数据资料的系统性和充分性，评价是否满足安全生产法律法规和技术标准的要求；检查工程劳动安全卫生等设施配置是否完善，运行是否符合要求，评价安全设施与有关规定、标准、规程符合及其确保安全生产的可行性，可靠性；检查安全标志与标识配置是否齐全，使用是否符合要求；检查作业环境安全卫生检验、检测和测定的数据资料是否完整并符合要求；检查工程项目公司落实应急救援组织机构、人员和职责；报警、通信联络方式；事故发生后应采取的工艺处理措施；人员紧急疏散、撤离；危险区的隔离；检测、抢险，救援及控制措施；受伤人员现场救护，医院救治；内、外部应急救援保障；预案分级响应条件；事故应急救援关闭程序；应急培训计划；应急救援预案的演练计划及改进与完善；职业安全健康管理体系的实施情况；检查安全管理模式、制度的系统性和科学性，安全生产责任制、安全管理机构及安全管理人员、安全生产制度等安全管理相关内容是否满足安全生产法律法规和技术标准的要求及其落实执行情况；建设项目公司及安全管理人员的安全任职资格证书，特种作业人员操作资格证书；检查工程劳动安全卫生专项投资是否到位，是否做到专款专用并符合要求；检查其他需要验收的内容。

（3）安全设施竣工验收是建设项目总体竣工验收的前提。原则要求建设项目试生产之日起 3 个月内，向应急管理部提出建设项目安全设施竣工验收的申请。

（4）集团公司建设项目安全设施竣工验收评价工作由集团公司安全生产部统

一管理，具体负责与应急管理部、中国安全生产科学研究院以及水电水利规划设计总院的联系与协调，组织集团公司建设项目安全预评价、竣工验收评价的委托、内审和报审工作。项目公司委托项目安全设施竣工验收评价的（中介）机构，须经集团公司同意。

（5）安全设施竣工验收具备的条件：

1）完成劳动安全及工业卫生预评价并审查通过。

2）编制完成安全设施竣工验收评价报告，验收评价报告的编制单位与预评价报告的编制单位不应是同一单位。

3）通过枢纽专项竣工验收和消防专项竣工验收。

4）验收资料完备，包括：建设项目综合性资料；建设项目设计依据及文件；安全设施、设备、工艺、物料资料；安全生产管理组织机构及安全管理人员委任书、事故应急救援预案及组织机构；安全管理人员培训、特种作业人员培训等资料；相关隐蔽工程的验收资料；安全专项投资资料；职业危害因素监测数据；其他可用于建设项目安全验收评价的资料。

（二）工业卫生竣工验收

根据《中华人民共和国职业病防治法》规定，项目在竣工验收前，项目公司应当进行职业病危害控制效果评价。项目竣工验收时，其职业病防护设施经卫生行政部门验收合格后，方可投入正式生产和使用。职业病危害预评价、职业病危害控制效果评价由依法设立的取得省级以上人民政府卫生行政部门资质认证的职业卫生技术服务机构进行。

（1）由项目公司委托有资质的职业卫生技术服务机构进行职业病危害控制效果评价；向项目所在地省级卫生监督管理部门报送项目职业病危害控制受理申请；项目所在地省级卫生监督管理部门有关专家组成专家组进行审查，提出审查意见，发放项目职业病危害控制认可书。

（2）职业病危害控制效果评价主要内容：评价目的、依据、范围和内容；建设项目及其试运行概况；建设项目生产过程中存在的职业病危害因素种类、分布及其程度；职业病防护措施的实施情况，包括总平面布置、生产工艺及设备布局、建筑物卫生学要求、卫生工程防护设施、应急、救援措施、个人防护设施、辅助卫生用具、职业卫生管理措施的落实情况；职业病危害防护设施效果评价；评价结论及建议。

（3）工业卫生竣工验收应具备的条件：

1）编制完成劳动安全与工业卫生预评价报告并通过审查。

2）已完成职业病危害控制效果评价报告。

3）已上报项目职业病危害控制受理申请书。

4）验收资料齐全。

四、竣工环境保护验收

（1）建设项目在进入试运行后，直属单位应组织项目公司按照生态环境部发布的有关行业建设项目竣工环境保护验收技术指南、规范开展环保验收。

（2）项目公司是建设项目环保验收的责任主体，落实验收程序，编制验收报告，填报、公开相关信息，并对验收内容、结论和所公开信息的真实性、准确性和完整性负责。项目公司须通过合同方式约定中介机构验收的责任和义务，不得“以包代管”依托中介机构开展验收工作。直属单位履行本区域和所管理企业环保验收管理责任，负责组织所管理项目的环保验收工作，主持验收工作组现场验收工作，对验收结论把关。对于项目法人是直属单位的建设项目，直属单位是验收责任主体，不得将验收权限下放至非法人的建设公司。

（3）环保验收程序主要包括验收自查、编制验收方案、编制环境保护验收监测（调查）报告、验收监测（调查）报告技术审查、成立验收工作组开展现场验收并形成验收意见、编制验收报告并公示、登录全国建设项目竣工环境保护验收信息平台登记并公开。若前一环节存在意见或问题，应进行整改后方可进入下一环节。

1）项目公司在验收自查基础上编制验收方案。省级审批环评的项目，项目公司应将验收方案报告直属单位备案。国家级审批环评的项目，由直属单位审核并报告至集团公司备案。

2）项目公司应落实现场监测（调查）工作，组织环保验收技术服务单位编制环境保护验收监测（调查）报告。污染影响型项目应按照集团公司内部采购目录委托华电电科院开展验收监测，编制环境保护验收监测报告。应委托有技术能力的单位开展验收调查，编制环境保护验收调查报告。

3）环境保护验收监测（调查）报告编制完成后，直属单位应组织专家或委托集团公司认可的咨询机构开展技术审查，提出审查意见。华电电科院承担的验收监测报告可简化技术审查工作。项目公司应严格落实报告及审查意见提出的要求，确保无验收不合格事项后，方可开展验收工作组现场验收工作。

4）验收工作组应由项目法人书面文件成立。直属单位应是管辖项目的验收工作组组长单位，主持验收工作组现场验收工作提出书面验收意见，对验收结论把关。验收工作组可以下设成立专家组，由专家组对验收监测（调查）报告及验收工作提出独立的专家意见和建议。验收意见应包括工程建设基本情况、工程变动情况、环保设施落实情况及调试效果、工程建设对环境的影响、验收结论和后续要求等内容，验收结论应当明确该建设项目环境保护设施是否验收合格。

对于国家级审批环评的项目，验收工作组组长应由直属单位分管环保的公司领导担任。对于省级审批环评的项目，验收组组长应由直属单位分管环保的公司领导或者环保归口管理部门负责人担任。验收工作组原则上由集团公司、集团公司环境保护监督技术中心、直属单位、项目公司、设计单位、施工单位、环评单位、验收监测（调查）、环境监理等单位代表以及专业技术专家等组成。上市公司参与所投资项目的验收。

5）项目公司在落实验收意见的基础上，总结提出验收报告，并通过其官方网站或者其他便于公众知悉的方式向社会公开，公示期限不得少于 20 个工作日。验收报告分为验收监测（调查）报告、验收意见和其他需要说明的事项等三项内容。

6）验收报告公示期满后 5 个工作日内，项目公司应登录全国建设项目竣工环境保护验收信息平台，填报建设项目基本信息、环境保护设施验收情况等相关信息，由环境保护主管部门对上述信息予以公开。

7）项目公司应将验收报告以及其他档案资料存档备查。直属单位应在验收工作完成后，次月将验收情况及有关材料随“三同时”月报表报告集团公司。报至集团公司、项目出资上市公司和集团公司环境保护监督技术中心。

（4）环境保护验收期限（国家规定为从建设项目竣工之日起至项目公司向社会公开验收报告之日止的时间）一般不超过 3 个月。环境保护设施需要调试或者整改的，验收期限可适当延期，但最长不超过 12 个月。集团公司环境保护验收期限以 12 个月作为考核期，应在工程完工后一年内向社会公开验收报告、取得环境保护主管部门关于固废污染防治设施的验收批复文件。环境保护验收全面完成以项目公司关于建设项目的自主验收材料公示期满、取得有权限的环境保护主管部门关于固废污染防治设施的验收批复文件等两项条件同时具备为标志。环境保护验收期限、环境保护验收全面完成时限等纳入集团公司“三同时”目标管理。环境保护验收未全面完成，建设项目不得达标投产。

大坝坝后压坡体绿化

五、水土保持竣工验收

（1）建设项目在进入试运后，直属单位应组织项目公司按照水利部发布的水土保持验收规程开展水土保持验收。

（2）水土保持验收程序包括验收自查、编制验收方案、编制水土保持设施验收报告、验收报告技术审查、成立验收组现场验收并形成水土保持设施验收鉴定书、公示鉴定书、验收报告、监测总结报告并报备水土保持主管部门。若验收报告和验收组现场验收提出意见，应进行整改后方可进入下一环节。

1）项目公司应落实验收评估工作，组织水土保持验收技术服务单位（即水土保持设施验收报告编制单位）编制水土保持设施验收报告。该单位应为独立于工程建设的第三方机构，应具有独立承担民事责任能力且具有相应水土保持技术条件的企业法人、事业单位法人或其他组织。

2）水土保持设施验收报告编制完成后，直属单位应组织专家或委托集团公司认可的咨询机构开展技术审查，且项目公司落实报告及审查要求、确认无验收不合格项目后，直属单位应依据水土保持法律法规、标准规范、水土保持方案及其审批决定、水土保持后续设计等，组织验收组开展水土保持设施现场验收工作，形成水土保持设施验收鉴定书，明确水土保持设施验收合格的结论。

对于国家级审批水土保持方案的项目，验收组组长应由直属单位分管环保的公司领导担任。对于省级审批水土保持的项目，验收组组长应由直属单位分管环保的公司领导或者环保归口管理部门负责人担任。验收组原则上由集团公司、集团公司环境保护监督技术中心、直属单位、项目公司、设计单位、施工单位、水土保持方案编制单位、验收报告编制单位、水土保持监理监测等单位代表以及专业技术专家等组成，专家成员中至少有一名项目所在地省级水行政主管部门水土保持方案专家库专家。验收组可以下设成立专家组，由专家组对验收工作提出独立的专家意见和建议。上市公司参与所投资项目的验收。

3）项目公司应在水土保持设施验收合格后，通过其官方网站或者其他便于公众知悉的方式向社会公开水土保持设施验收鉴定书、水土保持设施验收报告和水土保持监测总结报告。公开的期限应在半年以上。对于公众反映的主要问题和意见，项目公司应当及时给予处理或者回应。

4）项目公司应在向社会公开水土保持设施验收材料 7 个工作日后、在建设项目达标投产使用前，向水土保持方案审批机关报备水土保持设施验收材料，并取得水土保持设施验收报备证明。报备材料包括：水土保持设施验收鉴定书、水土保持设施验收报告和水土保持监测总结报告，其中，实行承诺制或备案制管理的项目，只需要提交水土保持设施验收鉴定书。项目公司、第三方机构和水土保持监测机构分别对水土保持设施验收鉴定书、水土保持设施验收报告和水土保持监测总结报告等材料的真实性负责。

5）验收成果归档。验收工作完成后，直属单位和项目公司应做好验收材料的归档工作，并由直属单位在次月将验收情况总结随“三同时”月报表报告集团公司、项目出资上市公司和集团公司环境保护监督技术中心。

六、竣工档案专项验收

项目档案验收是项目竣工验收的重要组成部分，未经档案验收或档案验收不合格的项目，不得进行或通过项目的竣工验收。竣工档案整理上架后才可申请竣工档案的验收。

（一）项目档案竣工验收的组织

（1）由主管部门档案机构、集团公司商省级档案行政管理部门组织项目档案的验收，验收结果报国家档案局备案。

（2）项目主管部门、各级档案行政管理部门加强项目档案验收前的指导和咨询，必要时可组织预检。

（二）项目档案验收申请

项目公司应向项目档案验收组织单位报送档案验收申请报告，并填表报《重大建设项目档案验收申请表》。

1. 申请项目档案验收应具备下列条件

（1）项目主体工程和辅助设施已按照设计建成，能满足生产或使用的需要。

（2）项目试运行指标考核合格或者达到设计能力。

（3）完成了项目建设全过程文件材料的收集、整理与归档工作。

（4）基本完成了项目档案的分类、组卷、编目等整理工作。

（5）项目档案验收前，项目公司应组织项目设计、施工、监理等方面负责人以及有关人员，根据档案工作的相关要求，依照《重大建设项目档案验收内容及要求》进行全面自检。

2. 项目档案验收申请报告的主要内容

（1）项目建设及项目档案管理概况。

（2）保证项目档案的完整、准确、系统所采取的控制措施。

（3）项目文件材料的形成、收集、整理与归档情况，竣工图的编制情况及质量状况。

（三）项目档案验收的实施

项目档案验收应在项目竣工验收 3 个月之前完成，以验收组织单位召集验收会议的形式进行，项目档案验收组全体成员参加项目档案验收会议，项目公司、设计、施工、监理和生产运行管理或使用单位的有关人员列席会议。

七、移民安置专项验收

（一）移民安置专项验收条件

移民安置专项竣工验收是已按批准的规划设计全面完成各移民工程后，依据《中华人民共和国土地法》《中华人民共和国森林法》《大中型水利水电工程建设征地补偿和移民安置条例》（国务院令第 679 号）、《水电工程建设征地移民安置验收规程》（NB/T 35013—2013）、《水电工程验收规程》（NB/T 35048—2015）和《电站建设征地移民安置规划报告》等法律法规及规程规范要求，开展移民专项竣工验收。

移民工程竣工验收应具备的条件：

（1）批准的移民迁建工程全部完成，移民档案健全。

（2）单项工程全部通过竣工验收。

（3）阶段验收发现的问题已处理完毕。

（4）项目工程建设用地手续完备。

（5）已对移民工程所有财产和物资进行清理，编制竣工财务决算，并通过审计。

（6）农村移民住房全部建成，土地按规划落实到户，个人补偿全部兑现，村集体财产及土地补偿补助费全部分解并兑现到村集体经济组织，基础设施、公共设施按规划完成等。

（7）个别专项工程虽未建成，但不影响整体移民安置，有关单位已承诺在规定投资和限定时间内完成。

（二）移民安置验收程序

移民安置验收分为：工程导（截）流前及水库下闸蓄水（含分期蓄水）前的移民安置验收和工程竣工阶段移民安置验收。移民安置阶段验收主要包括水库库底清理、淹没影响线以下移民安置。

移民安置验收应当自下而上，按照自验、初验、终验的顺序组织进行；鉴于电站库容相对较小，且移民安置工作仅涉及一个县级行政区域的，一般情况下移民安置自验与初验可合并进行。

（1）自验。由县级移民管理机构会同项目公司共同负责。

（2）初验。由设区市移民管理机构组织并主持。

（3）终验。由省级移民管理部门组织并主持。

项目公司应根据工程导（截）流、水库下闸蓄水（含分期蓄水）和工程竣工验收工作等各阶段节点计划要求，充分考虑库底清理工程量、季节天气等复杂因素，尽可能按照“早策划、早部署、早实施”的要求，提前委托设计单位按照项目建设各阶段性节点计划，编制移民安置设计报告，提前协调征地实施机构开展库底清理工作、防疫消毒、水质监测、专项复建等工作，提前落实项目公司移民安置工作管理报告、征地实施机构移民安置实施工作报告、监督评估单位监督和评估报告等移民安置验收规定的文件资料，并对移民安置验收工作进行协调、做出安排。

八、竣工决算验收

工程竣工验收前，由竣工决算验收委员会对项目公司提交的工程竣工决算根据《水电工程竣工决算专项验收规程》（NB/T 10146—2019）进行验收。

（一）工程竣工决算专项验收条件

（1）工程应已通过枢纽工程、环境保护、水土保持、消防、劳动安全与工业卫生专项验收或备案；建设征地移民安置应通过验收，或其投资已基本确定。

（2）项目公司编制完成工程竣工决算报告，且报告编制符合现行行业标准《水电工程竣工决算报告编制规定》（NB/T 10145—2019）的要求。

（3）工程竣工决算应由国家各级审计部门或有资质的社会中介机构完成竣工决算审计，出具竣工决算审计报告，且项目公司根据审计意见实施了整改。

（二）工程竣工决算专项验收组织

（1）工程竣工决算验收应由项目公司上级投资管理单位负责，与工程所在地省级人民政府投资主管部门协商，委托有业绩、有能力的单位作为技术主持单位，并组织成立验收委员会。

（2）验收委员会主任委员宜由项目公司上级投资管理单位的代表担任，副主任委员宜由工程所在地省级人民政府投资主管部门和技术主持单位的代表担任，验收委员会其他成员应包括工程有关投资方，还可邀请相关部门、有关单位和专家参加。

（三）工程竣工决算专项验收申请

（1）工程满足竣工决算验收条件后，项目公司应及时向上级投资管理单位申请验收。

（2）项目公司申请验收时，应同时提交验收申请报告。验收申请报告应包括以下内容：

1）项目公司、设计单位和建设概况。

2）枢纽工程、建设征地移民安置、环境保护、水土保持、消防、劳动安全与工业卫生专项工程验收或备案情况。

3）项目竣工决算报告编制情况及主要成果。

4）竣工决算审计情况、审计结论及整改落实情况。

第二节 工程竣工验收

竣工验收是已按批准的设计文件全部建成，并完成竣工阶段所有专项验收后，依据《水电工程验收规程》（NB/T 35048—2015）、《国家发展改革委办公厅关于水电站基本建设工程验收管理有关事项的通知》（发改办能源〔2003〕1311 号）等法规对工程进行的总验收。

一、工程整体竣工验收工作程序

工程整体竣工验收在全部机组投产发电且工程基本完成后，在枢纽工程、库区移民、水保、环保、消防、工程档案、劳动安全及工业卫生、竣工决算等各专项工程竣工验收完成的基础上，由项目公司向项目审批部门（省发展改革委）提出竣工验收申请报告和工程竣工验收总结报告，由项目审批部门委托有资质单位（大型工程一般是中国水电工程顾问集团有限公司）组织工程竣工验收委员会进行竣工验收。验收通过后，由项目审批部门向项目公司颁发工程竣工验收证书。

二、工程竣工验收总结报告

项目公司向工程竣工验收委员会提供的工程竣工验收总结报告应包括以下内容：

1．工程概述

2．验收工作简况

3．各专项验收鉴定书的主要结论（附各专项竣工验收鉴定书）

4．对各专项验收鉴定书所提主要问题和建议的处理情况

5．竣工验收时未能同步进行验收而遗留的单项工程竣工验收计划安排

6．结论

三、项目公司向鉴定专家组提供的主要文件资料

1．工程竣工验收总结报告

2．各专项验收的主要文件

3．各专项验收过程中的有关文件资料备查

第三节　重点关注事项

（1）环境保护与水土保持竣工验收后，第二年 6 月方可申报国家水土保持生态文明工程。

（2）后期扶持人员名单由地方政府上报省移民中心，获得批复后，方可开展移民安置竣工验收工作。

第三篇

生产准备与经营筹划篇

本篇分为四章，主要介绍了生产准备、融资方案、税务筹划、电价落实等相关内容，用于指导工程生产准备工作及经营管理相关工作，以保障基本建设向生产运行的平稳过渡和实现项目效益最大化。

甘肃永昌金川峡抽水蓄能电站（总装机容量 120 万 kW）

金上苏洼龙水电站（沥青混凝土心墙坝，总装机容量 120 万 kW）

金上叶巴滩水电站（混凝土双曲拱坝，总装机容量 224 万 kW，在建）

第八章　生产准备工作

机组投产前，直属单位应适时启动生产准备相关工作，确保施工单位在完成机组安装调试后顺利移交电厂运行管理，实现基本建设向电力生产的平稳有序过渡。

第一节　生产准备工作内容

生产准备工作包含：成立生产准备组织机构、编制生产准备大纲和生产准备计划、培训生产准备人员、生产技术准备、生产管理制度准备、物资准备、信息系统建设、启动和代操作、商业运行准备工作等方面内容。

第二节　主要准备工作要求

一、生产准备大纲和生产准备计划编制

（一）基本要求

生产准备机构宜在首台机组计划投入商业运行前 3 年成立，生产准备机构成立 3 个月内完成生产准备大纲和生产准备计划的编制。

（二）主要内容

1. 生产准备大纲

生产准备大纲应明确生产准备指导思想、工作目标、内容及要求等方面内容。

2. 生产准备计划

生产准备计划应包含：生产组织机构设置及人员配备、生产管理制度编制、人员培训、生产技术文件准备、安全管理、生产物资准备、启动试运及验收、商业运行准备等内容，并对相关工作制订详细的实施计划。

二、人员培训

应根据生产准备计划编制生产人员整体培训计划，相关部门应在整体培训计划的基础上结合专业特点和要求分阶段编制具体培训计划，确保计划落实。

培训方式主要包括理论培训、厂家培训、同类型电厂实习、仿真培训、现场培训、取证培训等。

培训资料应包含技术标准、说明书、图纸、试验资料、电站设计文件、出厂验收资料和安装调试资料，上级安全法律法规、安全管理规章制度，本单位生产管理制度、技术规程、应急预案等。

三、生产技术准备

（一）技术资料收集

（1）国家、行业标准及上级单位技术标准、调度部门技术要求在内的上级技术标准等资料宜在投运前 12 个月完成收集存档。

（2）设备技术说明书、技术图纸宜在设备安装前完成收集分发。

（3）设计图纸资料宜在设备安装前 3 个月完成收集分发。

（二）技术文件编制

技术文件编制包括运行规程、维护检修规程、运行图册、设备台账、记录表单、定值、设备编号等内容，宜在机组投产前 1 个月完成。

四、生产管理制度准备

生产管理制度应包含技术管理、安全管理、运行管理、检修维护管理、物资管理、综合管理等方面内容；相关制度试行版应在主要设备投运前 3 个月完成编制、审核发布，并组织学习。

五、物资准备

物资准备工作包括物资仓库的建设及空间规划，仪器仪表和通用工具、安全工器具、备品备件、专用工器具、生产耗材的采购等，相关物资准备工作宜在机组投产前 1 个月完成。

六、商业运行准备

商业运行准备应包括并网调度协议、购售电合同等相关协议和合同、并网运行必须的试验项目、并网安全性评价、大坝注册、商业运行资质。

第三节　重点关注事项

一、生产准备时间

抽水蓄能电站机组运行工况比常规水电站复杂，其生产准备周期相对于常规水电站更长，一般应在首台机组投入商业运行前 3 年开始，至所有机组投入商业运行结束。

二、生产准备机构

生产准备机构应有明确的主管副总经理（副厂长），机构宜按照生产技术、运行、检修维护、水工等职能设置，也可按照运行维护一体化进行设置。生产主要岗位人员应在整套启动调试前 15 个月到位。

三、生产管理模式

生产管理模式宜在首台机组计划投入商业运行前 3 年明确。内容应至少包含自营、外委等业务范围，生产倒班方案，生产准备人员到位计划等。

四、生产准备人员培训

（一）培训时间

主要岗位运行人员的培训不应少于 24 个月；检修维护人员的培训不应少于 10 个月；水工人员的培训不应少于 6 个月。

（二）资质取证

运行值班人员、通信运维人员根据调度部门要求取得调度受令资格、通信运维资格证书；特种作业人员应经专业的技术培训、考试合格并取得特种作业操作资格证（包含电工证、起重证、特种设备安全管理等）；相关专业人员应经培训、考试合格取得上岗资格证（包含技术监督、水库调度、仪表、继保等）。

厂房中控室

新疆鄯善抽水蓄能电站（总装机容量 140 万 kW）

金上巴塘水电站（沥青混凝土心墙堆石坝，总装机容量 75 万 kW，在建）

金上昌波水电站（混凝土闸坝，总装机容量 82.6 万 kW，在建）

第九章　融资方案

根据抽水蓄能电站工程建设规模、分年度投资计划及项目公司组织形式、金融市场资金价格、地方政府支持力度等综合确定项目融资方案，考虑因素包括但不限于融资目标、融资渠道、融资方式、贷款利率、贷款期限、保证方式等。

第一节　融资目标

抽水蓄能电站工程建设总体融资目标是满足工程建设需要，通过优化融资方案和工程进度计划，在保障资金安全的前提下，尽量降低融资成本。

（1）建设期：防范资金市场流动性短缺风险，保障工程建设资金需求，在确保资金安全的前提下，尽量降低融资成本。

（2）经营期：维持经营期正常资金周转，到期偿债付息，保障整体资金周转安全，在确保资金安全的前提下，提高资金周转效率，尽量降低融资成本。

第二节　资金筹措

抽水蓄能电站资本金比例参照水电工程建设：20% 自筹资金（资本金），80% 外部融资（贷款）。

（1）投资主体确定后，应及时制定公司章程，落实资本金比例及资本金到位时间，督促出资方按照章程约定或当年计划完成的累计投资额比例拨付资本金，项目公司章程中注册资本应与实缴资本一致，并对最终到位的总额（投资额 20%）不作约定，可避免税收风险。资本金应及时足额到位。

（2）项目公司应加大与金融合作机构的沟通，立项阶段及时落实各金融合作方对抽水蓄能电站工程的贷款承诺，出具贷款意向书，项目开工前结合项目实际情况及当地银保监会监管要求，确定银团或金融机构拼盘等融资方式，并与银团或各金融机构签订项目贷款合同，明确各金融机构贷款份额、方式、利率、期限、保证方式等，保证满足项目资金需要。

第三节　金融市场及策略

项目公司应深入了解国家实时金融政策、金融市场，密切跟踪、掌握金融市场动态，根据融资环境和融资条件保持灵活机动的融资方案和策略，视具体情况及时调整。

一、金融市场

关注国家和本区域资金市场流动性变化和市场利率变化趋势，各金融机构对抽水蓄能电站项目的支持力度、风险控制政策的变化；关注国家、人民银行及金融机构对抽水蓄能电站项目绿色贷款、再贷款利率优惠等金融支持工具出台，结合公司实际，在保障资金安全前提下，调整融资策略，拓展融资渠道，降低项目整体融资成本。

二、融资策略

项目融资要遵循短借短用、长借长用的原则，一般情况下中长期贷款等于长期资产减权益资产。按照集团公司规定，预期收益较好的基建项目在落实外部融资的基础上，经履行决策程序，可按照不超过项目总投资 20% 的比例，配置集团内部金融机构借款或股东委托贷款。

（一）基建期

制订涵盖整个项目周期的融资方案，分年制订当年融资需求、控制资金成本方案，结合企业实际和当地银保监会监管要求，借贷双方主动权强弱力度变化等因素，综合确定采取银团或金融机构拼盘的融资方式。签订贷款合同应考虑以下因素：

（1）根据意向贷款额度确定金融机构作为合作方签订贷款合同，贷款合同额度应满足项目建设需求。

（2）根据国家和本区域市场资金价格，地方银保监会利率约束条件，尽可能降低合同利率、融资费用。

（3）根据市场流动性和市场利率变化趋势确定合同利率调整方式，若预判合同后期利率处于下降周期通道，尽可能协商银行缩短利率调整期限，若预判合同后期利率处于上升周期通道，可以协商银行签订补充协议，延长利率调整期限，争取有利于企业的利率调整方式。

（4）水电项目一般贷款期限 20 年，在贷款期限满足企业需要的同时，尽可能争取延长贷款期限，并争取明确可以提前还款。

（5）根据集团公司担保管理办法，项目贷款尽量争取信用贷款或抵质押方式，原则不提供第三方担保。若必须提供抵质押担保，则要履行相应内部决策程序。

（6）在当地金融机构有前期贷产品情况下，争取协商银行办理部分前期贷额度并在贷款期限内用足贷款，后期用项目贷款置换，通过期限结构降低贷款利率。贷款合同签订后，若资金市场流动性增加，资金市场利率下行，要协商银行争取调整存量贷款合同利率。

（二）经营期

每年制订融资方案，在保证资金供给满足生产经营周转的前提下，多措并举降低融资成本。

（1）新增流动资金贷款。综合考虑新增短期贷款期限错配，缓释集中到期的接续压力；在资金市场流动性充裕，资金价格处于下降趋势时，要协商存量贷款银行降低存量贷款利率，合同期限内利率调整期限尽量缩短。结合企业经营情况，在月度资金来源不平衡，全年资金来源有保证的前提下，可办理一定额度的法人透支账户、循环贷业务，提高资金使用效率，减少资金占用。

（2）存量贷款降低融资成本。合理搭配中短期贷款产品，把 5 年以上贷款中即将五年内到期贷款部分置换为五年以内贷款，保障债务履约和资金安全，同时降低部分贷款利率拉低整体融资成本。

（3）根据集团公司债务融资管理办法，经营回报率、区域融资环境等要素，审慎开展错期搭配融资工作。对资本金内部收益率高于 10% 的项目，可配置不超过项目总投资 10% 的短期融资。

第四节　竞价机制

项目公司在制订融资方案时，应考虑资金成本因素，在各金融合作方中引入竞价机制，采取竞争性谈判、邀请招标等形式组织评审贷款方案并选择贷款合作方。

一、基建期

由于抽水蓄能电站工程建设融资竞争的需要，应相对放松对金融合作方的数量控制，与各金融机构充分沟通，有条件时择优选择融资金融机构，有效降低财务成本。融资策略首先考虑贷款额度、贷款利率、贷款期限、保证方式等条件，采用竞争性谈判、邀请招标等形式组织评审贷款方案并选择一家或多家作为贷款合作方。

企业经营项目预期较好，回报较高，可以考虑集团公司安排的永续债、优先股权益融资方案，或集团公司安排的利率较低委托贷款。

二、经营期

根据项目实际，综合国内及区域资金市场流动性、资金价格因素，当地银保监会资金价格限制条件，新借入贷款考虑引进竞价机制，争取有利于企业的融资方式及成本。

（1）有新增流动资金贷款或运营期贷款需求的，协商多家金融机构，通过竞争机制，争取有利于公司的贷款条件。

（2）引进新合作金融机构以更低利率贷款置换存量贷款，或倒逼存量贷款金融机构降低存量贷款利率，以降低整体融资成本。

（3）加强与集团内部金融机构沟通，通过集团内部金融机构资金渠道、资金量、资金价的优势，增强与外部金融机构谈判的筹码。

浙江乌溪江混合抽水蓄能电站（总装机容量 29.8 万 kW）

贵州乌江渡水电站（混凝土拱形重力坝，总装机容量 125 万 kW）

四川泸定水电站（黏土心墙堆石坝，总装机容量 92 万 kW）

第十章　税务筹划

项目公司从项目筹建开始，从业务流程管理模式、组织架构等方面进行税收筹划，统筹考虑工程建设期、生产经营期的税收安排。

第一节　筹建期的税务筹划

筹建期是基建项目开工建设前的整个阶段，该阶段项目形式的选择对后续税务管理有重大影响，在该阶段应重点完成项目总体税务筹划方案，从税务管理的角度考虑投资地点、投资项目、注册地点、投融资方式、项目法律形式等的选择，对比分析不同选择下流转税、所得税、资源税、财产行为税等各项税费税负情况，最终确定基建期税务筹划方案。

一、区域性税收优惠及地方税收环境

区域性税收优惠和地方税收环境是选择项目公司注册地时需要关注的两个涉税因素。

（一）地方税收环境

在可以选择的情况下，企业可选择具有良好税收环境的地方进行注册地选择，也可按照“一企一策”方式争取地方政府特定优惠政策，降低税收风险与税收成本。税负环境好并不单一等于税负低，地方税收基数小，财政收入紧张，往往对于税收筹划及减税降费政策的落实也是一个不可忽视的影响因素。

（二）区域性税收优惠

部分地区为加快招商引资步伐，在税收、财政扶持等方面给予优惠吸引投资。因此，在不影响投资效果的前提下，应在优惠政策较多、优惠政策落实门槛较低的地方，如经济技术开发区、共建园区等进行注册。综合考虑确定企业注册地点后，

应在筹建阶段向当地政府相关部门申请地方性税收优惠或财政资金扶持，争取获得书面批复或会议纪要书面资料，书面资料应明确税收优惠或财政返还政策、计算方法、返还用途和期限等内容。

地方税收优惠政策还应关注地方政府所出台的税收优惠或财政扶持政策等是否与相关法律法规相符合，是否属于地方政府职权范围，以避免事后推翻、查补税款的情况发生税收风险。

二、出资方式的选择

（一）现金出资涉税分析

《中华人民共和国公司法》（2018 年）第 26 条规定，有限责任公司的注册资本为在公司登记机关登记的全体股东认缴的出资额。法律、行政法规以及国务院决定对有限责任公司注册资本实缴、注册资本最低限额另有规定的，从其规定。

投资未到位而发生的利息支出不允许税前扣除，凡企业投资者未缴足其应缴资本额的，该企业对外借款所发生的利息，相当于投资者实缴资本额与在应缴资本额的差额应计付的利息，其不属于企业合理的支出，应由企业投资者负担，不得在计算企业应纳税所得额时扣除。

（二）筹划方案

水电行业要求企业实缴资本达到项目总投资的 20%，在实际操作中，如果项目公司在章程中没有约定注册资本的金额及到位时间，税务机关在执行国税函〔2009〕312 号规定时，可能会比照水电行业的实缴资本要求，确定不能税前扣除的利息支出；即使约定了注册资本的金额及到位时间，税务机关也有可能不认可章程的规定，而参照行业规定。因此，建议项目公司的章程中注册资本应与实缴资本一致，并对最终到位的总额（投资额 20%）不作约定，避免税收风险。

三、筹建期其他重点税务问题

（一）城市维护建设税

由于抽水蓄能电站一般在农村、草场、山地等较为偏远的地方，因此，应在筹建期与当地政府进行沟通，确定所处土地不属于市区、县城或镇的范围，以适用较低税率，并争取获得书面批复或会议纪要等书面材料确认。

（二）城镇土地使用税

项目公司在申请或受让土地时，应尽量分阶段分批次，避免一次性受让过多土地而导致土地闲置，增加企业土地使用税负担。与当地政府或主管税务机关进行沟通，明确“工矿区”标准，避免因项目建设使建设用地被认定为“工矿区”。

（三）耕地占用税

落实所选土地性质、占用面积，争取适用低税额标准缴纳耕地占用税；如果未来土地等级和税额标准提高，应约定将提高的耕地占用税税款以财政补贴或其他方式，返还给项目公司。

基建项目可能会存在临时占用部分耕地，应事先和当地政府及主管税务局，协商关于耕地恢复的界定，并形成书面材料。注意：临时占用耕地最长不能超过2年，应尽可能在期限内恢复原状；如若超过年限，应及时在到期前加强沟通申请延期，使耕地复垦保证金、预缴的临时耕地占用税等费用累计数低于征用耕地的费用，避免以后需要申请退回多缴的耕地占用税。

（四）增值税一般纳税人登记

项目公司进行工商注册后，应及时办理一般纳税人登记，规范发票开具信息，项目公司应与地方政府、主管税务机关协商确定总、分支机构独立申报缴纳增值税或是汇总缴纳增值税，总分支机构在同一省级区域内注册且办理了税务登记，经省（区、市）财政厅（局）、所在地税务局审批同意，可以由总机构汇总向总机构所在地的主管税务机关申报缴纳增值税，如果总、分机构单独缴纳增值税，应注意分支机构营业执照经营范围的划定有利于增值税的抵扣。确定申报缴纳增值税时，应综合考虑专业税务人员、税务管理成本、税负在总分机构之间分配等税收风险。

第二节　基建期的税务筹划

一、增值税管理

（一）招标过程中的增值税管理

项目公司在招标时，建议采取传统承包的方式，把建筑安装施工服务、物资设备采购、设计服务等分别定价、分别招标。若必须采取 EPC 模式，则应把建筑安装施工服务、物资设备采购、设计服务的招标要求和招标定价在招标文件中明确分开，分项招标，要求供应商分别报价（统招分签）。

在进行招标定价时，应以不含税价为定价基准，充分享受国家释放的税收红利。应以不含税价为比价基准，选择不含税报价最低的供应商；考虑附加税费的影响，在不含税报价相同的情况下，选择一般纳税人可以减少企业的附加税费的支出，进而增加企业的利润；在合同条款中约定“价税分离”条款，既能充分享受国家释放的税收红利又能降低印花税计税基础。基建项目投资金额巨大，建设工期较长，建设期形成大量进项税额留抵，对增值税专用发票的取得时间能早尽早，在工程结算金额确定后应取得全额专票，既能保证结算入账金额的准确性，又能够使专票及早认证抵扣申请留抵退税，减少企业融资成本。

（二）增值税留抵退税制度

增值税留抵退税制度，可以大幅度减少企业基建期进项税占用资金，降低项目建设资金成本。

（1）根据《财政部税务总局关于进一步加大增值税期末留抵退税政策实施力度的公告》（财政部税务总局公告 2022 年第 14 号），对符合条件的制造业等行业企业按月全额退还增值税增量留抵税额。期末留抵税额，是指纳税人销项税额不足以抵扣进项税额而未抵扣完的进项税额。

（2）同时符合以下 4 个条件的纳税人，可以向主管税务机关申请退还增量留抵税额：

1）纳税信用等级为 A 级或者 B 级。

2）申请退税前 36 个月未发生骗取留抵退税、出口退税或者虚开增值税专用发票情形的。

3）申请退税前 36 个月未因偷税被税务机关处罚两次及以上。

4）自 2019 年 4 月 1 日起未享受即征即退或先征后返（退）政策。

（3）纳税人当期允许退还的增量留抵税额，按照以下公式计算：允许退还的增量留抵税额 = 增量留抵税额 × 进项构成比例 ×100%。

二、企业所得税

抽水蓄能电站项目属于《公共基础设施项目企业所得税优惠目录》规定的电力投资经营项目。自投产之日起享受所得税三免三减半税收优惠。

（一）专用设备抵免

在满足生产经营要求的前提下，尽量采购可抵免企业所得税的专用设备。如果项目的基建期时间较长，预计购买设备当年及未来 5 年一直不需要缴纳企业所得税，应在能满足基本建设和生产经营的前提下，尽量延迟设备的采购时间，以便未来可抵免企业所得税。

（二）政府补助

抽水蓄能电站项目享受企业所得税“三免三减半”优惠政策，基建期取得的政府补助在投产时选择征税收入处理较为合理，政府补助在投产当年纳税调增但实际不纳税，以后年度还可以纳税调减实现双重优惠。经营期对于企业取得的政府补助，在取得前可与地方政府进行沟通，尽量使其符合财税〔2011〕70 号文件规定的不征税收入的条件，实现不计入收入总额或延迟缴纳企业所得税。如果确定属于征税收入，可结合税收优惠政策予以筹划降低整体税负。

（三）研发费用

根据研发费用加计扣除税收优惠政策要求，自开始要分项目做好费用归集、核算、健全台账等，同时做好材料收集、整理、留存备查。若地方科技主管部门提供研发费用税前加计扣除项目技术鉴定，则应按照地方科技部门要求，落实研究开发费用加计扣除鉴定工作，及时足额享受税收优惠政策。同时降低税收风险。研发费用加计扣除 75% 政策执行到 2023 年 12 月 31 日，之后是否适用 75% 的加计扣除，需要关注后续政策变化。

第三节　竣工结算期的税务筹划

一、在建工程转固的税务管理

（一）时间确定

所有的工程支出发票、工程验收记录、工程结算单（竣工结算单）、需要强制检测安全性的固定资产（如压力管道、配电设备等）还必须取得相关主管部门的检查认定报告。

（二）计税基础

企业固定资产投入使用后，由于工程款项尚未结清未取得全额发票的，可暂按合同规定的金额计入固定资产计税基础计提折旧，待发票取得后再进行调整。但该项调整应在固定资产投入使用后 12 个月内进行。如果超过 12 个月仍然未取得全额发票，其价值不予调整。同时，对于设备或材料类资产，如未及时取得增值税专用发票，导致超过认证期，将会影响进项税抵扣。

（三）后续事项

固定资产应当按月计提折旧，当月增加的固定资产，当月不计提折旧，从下月起计提折旧；当月减少的固定资产，当月仍计提折旧，从下月起不计提折旧。企业应当根据固定资产的性质和使用情况，合理确定固定资产的预计净残值。固定资产的预计净残值一经确定，不得变更。固定资产按照不超税法规定年限直线法计算的折旧费，准予扣除。

（四）筹划方案

对于折旧年限不同且具有独立使用功能的固定资产，应分别入账，并按各自规定计提折旧。税法对企业持有的单位价值不超过 5000 元的固定资产，允许一次性计入当期成本费用在计算应纳税所得额时扣除，不再分年度计算折旧，项目公司可以在税收上选择此加速折旧政策。

二、房产税相关事项的税务管理

（一）原值确认

对依照房产原值计税的房产，不论是否记载在会计账簿固定资产科目中，均应按照房屋原价计算缴纳房产税。

自 2010 年 12 月 21 日起，对按照房产原值计税的房产，无论会计上如何核算，房产原值均应包含地价，包括为取得土地使用权支付的价款、开发土地发生的成本费用等。宗地容积率低于 0.5 的，按房产建筑面积的 2 倍计算土地面积并据此确定计入房产原值的地价。

（二）独立于房屋之外建筑物

独立于房屋之外的建筑物，如围墙、烟囱、水塔、变电塔、油池油柜、酒窖菜窖、酒精池、糖蜜池、室外游泳池、玻璃暖房、砖瓦石灰窑以及各种油气罐等，不属于房产，不应计入房产原值，不需要缴纳房产税。对具备以上所述房屋功能的地下建筑，包括与地上房屋相连的地下建筑以及完全建在地面以下的建筑、地下人防设施等，均征收房产税。

（三）房产的附属设备和配套设施

为了维持和增加房屋的使用功能或使房屋满足设计要求，凡以房屋为载体，不可随意移动的附属设备和配套设施，如给排水、采暖、消防、中央空调等，无论在会计核算中是否单独记账与核算，都应计入房产原值，计征房产税。能与房屋分离的可以移动的独立设备，如管理区综合楼的LED显示屏、消防、照明等设备，也应单独入账，不计入房产原值。

（四）房产税税率

计税依据的一般规定：现行的房产税计税依据有两种：按房产余值计税和按租金收入计税（土地必须计入房产价值缴纳房产税）。

自用地下厂房：包括工业用途房产、商业和其他用途房产、与地上房屋相连的地下建筑；自用的地下建筑，如果是工业用途房产，以房屋原价的50%作为应税房产原值。应纳房产税的税额＝应税房产原值×（1%～30%）×1.2%。如果是商业和其他用途房产，以房屋原价的70%作为应税房产原值。应纳房产税的税额＝应税房产原值×（1%～30%）×1.2%。

基建工地的临时性房屋：在施工期间，一律免征房产税，超出施工期间或施工企业将这种临时性房屋交还或者估价转让给基建单位的，应当从基建单位接收的次月起，依照规定征收房产税。

三、试运行阶段的税务管理

（一）增值税处理

在建工程试运行过程中产生的销售商品收入，应按照销售商品，计征增值税。试运行领用的材料及发生的其他成本，如果取得了增值税专用发票，其进项税可以抵扣试运行收入的销项税额。

（二）企业所得税处理

根据《企业会计准则解释第 15 号》的通知，自 2022 年 1 月 1 日起明确要求试运行销售、成本按收入、存货准则确认试运行销售相关收入和成本，与企业所得税保持了一致，不再存在税费差异。

四、投产首年企业所得税管理

抽水蓄能电站采用一次核准、分批次建设的，同时符合以下条件的，可按每一批次为单位计算所得，并享受企业所得税“三免三减半”优惠：

（1）不同批次在空间上互相独立。

（2）每一批次自身具备取得收入的功能。

（3）以每一批次为单位进行会计核算，单独计算所得，并合理分摊期间费用。

企业所得税为法人税制，若涉及总分机构申报企业所得税时，享受“三免三减半”税收优惠的是复核条件的项目经营所得，项目经营以外所得在整个优惠政策期内不计算享受企业所得税免减额。

第四节　重点关注事项

税收筹划宜早不宜迟，应从项目筹建期开始，重点关注以下事项：

（1）注册地址选择：筹建期，应选择税负环境好的地方作为注册地，同步考虑当地财政收入情况，良好税收环境若是财政紧张也会影响减税降费政策的落实。获取政府税收优惠时应争取获得书面批复或会议纪要书面资料。

（2）城镇土地使用税：税法规定农村不属于城镇土地使用税的征税范围，选择抽水蓄能电站项目地址在农村，则不需要缴纳城镇土地使用税。

（3）耕地占用税：基建过程中临时占用耕地，在期限 2 年内恢复原状，可全额申请退还缴纳的耕地占用税。若预计无法在规定时间内完成复垦的，应及时向相关部门申请延期临时占用耕地，并在规定时间内取得完成复垦的手续。

（4）增值税：

1）招标部门在进行招标定价时，应充分考虑增值税的影响，以不含税价为定价基准，选择不含税报价最低的供应商。

2）建设期发生大量的采购，给企业带来大量进项税额，加强建设期的进项抵扣管理非常重要。为便于后期工程竣工决算，应建立工程台账，按月核对增值税入账税额和认证税额，确保一致。

3）基建项目投资金额巨大，建设工期较长，建设期形成大量进项税额留抵，占用企业大量资金，而建设期资金来源多为银行贷款，大量进项税额留抵必然增加企业融资成本。所以要提早筹划，关注符合增值税留抵退税相关条件，及时申请退税，缓解资金压力。

（5）企业所得税：抽水蓄能电站项目享受企业所得税“三免三减半”优惠政策，从项目取得第一笔生产经营收入（包括试运行收入）所属纳税年度起，第一年至第三年免征企业所得税，第四年至第六年减半征收企业所得税。在其他条件允许的情况下，应合理确定试运行时间，尽量把试运行时间安排在纳税年度的前几个月，避免安排在后几个月，以延长企业享受减免税优惠的期间。

古田溪混合抽水蓄能电站（总装机容量 25 万 kW）

西藏 DG 水电站（碾压混凝土重力坝，总装机容量 66 万 kW）

西藏 BY 水电站

第十一章　电价落实

现阶段抽水蓄能电站电价标准执行国家发展改革委发布《关于进一步完善抽水蓄能价格形成机制的意见》（发改价格〔2021〕633 号）。意见主要精神是：坚持以两部制电价政策为主体，进一步完善抽水蓄能价格形成机制，以竞争性方式形成电量电价，将容量电价纳入输配电价回收。

第一节　两部制电价

随着电力市场化改革政策不断深入，抽水蓄能电站作为发挥储能特性的大型水电站，其电价形成机制也在变化完善中。2014 年国家发展改革委以《关于完善抽水蓄能电站价格形成机制有关问题的通知》（发改价格〔2014〕1763 号）文明确了：在形成竞争性电力市场以前，对抽水蓄能电站实行两部制电价。2021 年 4 月 30 日国家发展改革委发布《国家发展改革委关于进一步完善抽水蓄能价格形成机制的意见》（发改价格〔2021〕633 号，以下简称“633 意见”），再次明确抽水蓄能电站坚持两部制电价政策为主体。

两部制电价是指把电价分成两个部分：一部分是电量电价；另一部分是容量电价。分别以容量电价和电量电价计算客户电费的方法就是两部制电价。

一、容量电价

抽水蓄能电站容量电费收入是抽水蓄能电站的主要收入来源，是弥补固定成本形成理论的重要组成部分。“633 意见”容量电价计算参数：

（1）电站经营期按 40 年核定，经营期内资本金内部收益率按 6.5% 核定。

（2）电站投资和资本金分别按照经审计的竣工决算金额和实际投入资本金核定。临时容量电价电站投资按照政府主管部门批复的项目核准文件或施工图预算投资确定。资本金按照工程投资的 20% 计算。

（3）运行费取值：运行维护费率（运行维护费除以固定资产原值的比例）按在运电站费率从低到高排名前 50% 的平均水平核定；概算运行费率取 2.5%。

（4）贷款额据实核定，还贷期限按 25 年计算，在运电站加权平均贷款利率高于同期市场报价利率时，贷款利率按同期市场报价利率核定；反之按同期市场报价利率加二者差额的 50% 核定。

（5）税金及附加依据现行国家相关税收法律法规核定。

国家发展和改革委员会文件

发改价格〔2023〕533 号

国家发展改革委关于抽水蓄能电站容量电价及有关事项的通知

各省、自治区、直辖市发展改革委，国家电网有限公司、南方电网有限责任公司、中国华电集团有限公司、中国长江三峡集团有限公司、内蒙古电力（集团）有限责任公司：

为进一步深化电力体制改革，完善抽水蓄能价格形成机制，促进抽水蓄能行业健康发展，现就抽水蓄能电站容量电价及有关事项通知如下：

一、按照《国家发展改革委关于进一步完善抽水蓄能价格形成机制的意见》（发改价格〔2021〕633 号）及有关规定，核定在运及 2025 年底前拟投运的 48 座抽水蓄能电站容量电价，具体见

— 1 —

序号	电站名称	所在省份	装机容量（万千瓦）	容量电价（元/千瓦）
新投运				
32	丰宁一期	河北	180	547.07
	丰宁二期		180	510.94
33	沂蒙	山东	120	608.00
34	文登	山东	180	471.18
35	金寨	安徽	120	616.01
36	长龙山	浙江	210	499.96
37	厦门	福建	140	612.65
38	永泰	福建	120	551.21
39	周宁	福建	120	548.11
40	天池	河南	120	556.94
41	荒沟	黑龙江	120	478.74
42	敦化	吉林	140	550.80
43	清原	辽宁	180	599.66
44	蟠龙	重庆	120	587.22
45	镇安	陕西	140	625.85
46	阜康	新疆	120	690.36
47	梅州一期	广东	120	595.36
48	阳江一期	广东	120	643.98

注：河北岗南混合抽水蓄能电站维持现批复电价到电站运营终止，表中容量电价含增值税。

— 4 —

国家发展改革委容量电价核定文件

二、电量电价

（一）抽水蓄能电站上网电量

由电网企业收购，上网电价按燃煤发电基准价执行。燃煤发电基准价根据各省政策执行。

（二）抽水电价

在电力现货市场尚未运行的地方，抽水蓄能电站抽水电量可由电网企业提供，抽水电价按燃煤发电基准价的 75%。鼓励委托电网企业通过竞争性招标方式采购，

抽水电价按中标电价执行，因调度等因素未使用的中标电量按燃煤发电基准价执行。由电网企业提供的抽水电量产生的损耗在核定省级电网输配电价时统筹考虑。

第二节　容量电价核定文件

（1）《关于完善抽水蓄能电站价格形成机制有关问题的通知》（发改价格〔2014〕1763 号），主要内容为规定抽水蓄能电站价格机制：电力市场形成前，抽水蓄能电站实行两部制电价。电价按照合理成本加准许收益的原则核定。抽水蓄能容量电费和损耗纳入当地省级电网运行费用统一核算，并通过销售电价疏导至终端用户。

（2）《省级电网输配电价定价办法》（发改价格规〔2020〕101 号），文件规定抽水蓄能电站是与输配电业务无关的固定资产，不能纳入可计提收益的固定资产范围。

（3）《输配电价定价成本监审办法（2019 年）》，文件再次将抽水蓄能电站列为与输配电业务无关的费用，规定抽水蓄能电站的成本费用不得计入输配电定价成本。

（4）《国家发展改革委关于进一步完善抽水蓄能价格形成机制的意见》（发改价格〔2021〕633 号），进一步完善抽水蓄能价格形成机制，以竞争方式形成电量电价，将容量电价纳入输配电价回收，同时强化与电力市场建设发展的衔接，逐步推动抽水蓄能电站进入市场。

第三节　电价申报

根据国家有关政策和工程建设进度及早启动电价申报工作。“633 意见”出台后尚未有新核批的抽水蓄能电站容量电价；国家发展改革委已明确在电站投产时先按照概算投资核定临时容量电价，待电站正式投产完整周期 3 年后再核定正式容量电价，目前容量电价审批权限均在国家发展改革委。

附录 1

建议制度清单

序号	建议制度
1	工程建设安全工作例会制度
2	工程建设安全文明施工奖惩规定
3	安全文明施工管理办法
4	工程建设安全检查工作制度
5	工程建设隐患排查治理管理制度
6	工程建设交通安全管理实施细则
7	工程建设安全信息管理制度
8	工程建设分包安全管理制度
9	工程建设安全资质审查制度
10	工程建设安全生产责任制
11	工程建设事故调查、处理、统计、报告制度
12	工程建设突发事件应急处置管理制度
13	工程建设安全设施、职业病防护设施及消防设施“三同时”实施办法
14	工程建设安全措施费管理办法
15	工程建设交通安全、消防、保卫管理制度
16	工程建设安全培训管理制度
17	工程建设生态环境保护责任清单
18	工程建设环保和水保工作管理办法
19	工程建设生态环保奖惩管理办法
20	工程建设环境影响评价和水土保持前期工作管理办法
21	工程建设环境应急管理办法
22	工程建设环境保护和水土保持“三同时”管理办法
23	工程建设生态环境保护监督管理办法
24	工程建设防洪度汛责任制
25	工程防洪度汛管理实施细则
26	工程防汛物资管理办法
27	工程防汛值班制度
28	工程防洪度汛（含超标洪水）专项应急预案
29	工程汛前检查和消缺管理制度
30	工程汛期巡查和汇报制度
31	工程建设年度防汛总结制度
32	工程管理实施细则

续表

序号	建议制度
33	工程质量管理实施细则
34	“样板工程”管理办法
35	工程建设进度管理实施细则
36	工程项目划分手册
37	工程达标投产实施细则
38	材料管理办法
39	工程现场签证管理办法
40	工程变更管理实施细则
41	工程建设工作会议制度
42	工程参建单位现场有关人员考勤管理办法
43	施工用电管理规定
44	工程机电物资管理办法
45	工程设备代保管规定
46	机组启动调试期间安全管理制度
47	机组试运和调试质量检验管理规定
48	机组启动调试期间设备调用、备品配件领用、专用工具借用管理制度
49	机组启动调试期间设备代保管制度
50	机组启动调试期间资料管理制度
51	机组启动调试期间工作联系管理制度
52	机组试运期间交接班制度
53	机组启动调试期间会议管理制度
54	机组启动调试期间设备异动管理制度
55	机组启动调试期间设备缺陷管理制度
56	合同管理办法
57	采购管理实施细则
58	工程完（竣）工结算管理办法
59	工程合同进度价款结算管理办法
60	统计管理办法
61	基建投资计划管理办法
62	基建物资管理办法
63	建设项目档案管理办法
64	建设项目档案归档与分类规则
65	建设项目档案整编实施细则

附录 2

国内部分抽水蓄能电站工期表

序号	工程名称	规模（万 kW）	建设实施阶段（主体工程开始建设至机组全部投产，月）	备注
1	周宁抽水蓄能电站	120	66	已建
2	永泰抽水蓄能电站	120	62	已建
3	厦门抽水蓄能电站	140	58	已建
4	桐柏抽水蓄能电站	120	69	已建
5	宜兴抽水蓄能电站	100	59	已建
6	响水涧抽水蓄能电站	100	63	已建
7	绩溪抽水蓄能电站	180	72	已建
8	金寨抽水蓄能电站	120	72	已建
9	仙游抽水蓄能电站	120	63	已建
10	洪屏抽水蓄能电站	120	61	已建
11	仙居抽水蓄能电站	150	59	已建
12	泰安抽水蓄能电站	100	65	已建

附录 3

国内部分已建、在建抽水蓄能电站主要工程指标表

<table>
<tr><th colspan="2">名称</th><th>单位</th><th>周宁</th><th>永泰</th><th>厦门</th><th>绩溪</th><th>长龙山</th><th>金寨</th></tr>
<tr><td colspan="2">装机容量</td><td>MW</td><td>4×300</td><td>4×300</td><td>4×350</td><td>6×300</td><td>6×350</td><td>4×300</td></tr>
<tr><td colspan="2">额定水头</td><td>m</td><td>410</td><td>416</td><td>545</td><td>600</td><td>710</td><td>330</td></tr>
<tr><td rowspan="4">上水库</td><td>正常蓄水位</td><td>m</td><td>716</td><td>657</td><td>867</td><td>961</td><td>976</td><td>593</td></tr>
<tr><td>总库容</td><td>万 m³</td><td>1073</td><td>906</td><td>1024</td><td>1069</td><td>1099</td><td>1641</td></tr>
<tr><td>正常蓄水位库容</td><td>万 m³</td><td>994</td><td>847</td><td>848</td><td>980</td><td>1044</td><td>1361</td></tr>
<tr><td>有效库容</td><td>万 m³</td><td>815</td><td>766</td><td>743</td><td>867</td><td>785</td><td>1049</td></tr>
<tr><td rowspan="4">下水库</td><td>正常蓄水位</td><td>m</td><td>299</td><td>225</td><td>306</td><td>340</td><td>243</td><td>255</td></tr>
<tr><td>总库容</td><td>万 m³</td><td>1248</td><td>1265</td><td>1015</td><td>1242</td><td>1611</td><td>1613</td></tr>
<tr><td>正常蓄水位库容</td><td>万 m³</td><td>1015</td><td>924</td><td>902</td><td>1080</td><td>1400</td><td>1453</td></tr>
<tr><td>有效库容</td><td>万 m³</td><td>799</td><td>775</td><td>703</td><td>903</td><td>783</td><td>981</td></tr>
<tr><td rowspan="2">输水系统</td><td>长度</td><td>m</td><td>1724.3</td><td>2039.2</td><td>2764.2</td><td>2809.1</td><td>2738.1</td><td>3292.7</td></tr>
<tr><td>距高比</td><td></td><td>3.23</td><td>4.17</td><td>4.7</td><td>4.13</td><td>3.5</td><td>9.24</td></tr>
<tr><td rowspan="4">征地移民</td><td>永久征地</td><td>亩</td><td>3178.63</td><td>3823.62</td><td>4201.96</td><td>3686.36</td><td>3247.80</td><td>4480.65</td></tr>
<tr><td>临时征地</td><td>亩</td><td>1010.33</td><td>1351.78</td><td>1355.04</td><td>1319.27</td><td>538.14</td><td>1277.40</td></tr>
<tr><td>搬迁人口</td><td>人</td><td>0</td><td>703</td><td>617</td><td>522</td><td>0</td><td>971</td></tr>
<tr><td>生产安置人口</td><td>人</td><td>904</td><td>746</td><td>403</td><td>466</td><td>370</td><td>676</td></tr>
<tr><td rowspan="7">水轮机</td><td>型式</td><td></td><td colspan="6">立轴单级混流可逆式</td></tr>
<tr><td>台数</td><td>台</td><td>4</td><td>4</td><td>4</td><td>6</td><td>6</td><td>4</td></tr>
<tr><td>水轮机额定功率 / 水泵最大功率</td><td>MW</td><td>306.1/325</td><td>306.1/325</td><td>357.0/381</td><td>306.1/320</td><td>357/384</td><td>306.1/335</td></tr>
<tr><td>转轮直径</td><td>m</td><td>4.25</td><td>4.24</td><td>4.70</td><td>4.15</td><td>4.41</td><td>4.67</td></tr>
<tr><td>转速</td><td>r/min</td><td>428.6</td><td>428.6</td><td>428.6</td><td>500</td><td>600</td><td>333.3</td></tr>
<tr><td>额定容量（发电机 / 电动机）</td><td>MW</td><td>300/325</td><td>300/325</td><td>350/381</td><td>300/325</td><td>350/374</td><td>300/335</td></tr>
<tr><td>功率因数 cosφ（发电机 / 电动机）</td><td></td><td>0.9/0.975</td><td>0.9/0.975</td><td>0.9/0.980</td><td>0.9/0.975</td><td>0.9/0.975</td><td>0.9/0.975</td></tr>
<tr><td rowspan="3">投资</td><td>静态投资</td><td>亿元</td><td>54.15</td><td>54.81</td><td>65.69</td><td>74.03</td><td>86.40</td><td>58.44</td></tr>
<tr><td>单位静态投资</td><td>元 /kW</td><td>4512</td><td>4567</td><td>4692</td><td>4113</td><td>4114</td><td>4870</td></tr>
<tr><td>总投资</td><td>亿元</td><td>66.93</td><td>67.30</td><td>82.52</td><td>98.15</td><td>106.83</td><td>75.03</td></tr>
</table>

附录 4

国内部分抽水蓄能电站主体工程分标方案表

序号	工程名称	标段数	规模（万 kW）	各标段名称	备注
1	厦门抽水蓄能电站	2	140	1. 上下水库、输水系统及地下厂房工程； 2. 地下厂房土建及机电安装工程	已建
2	桐柏抽水蓄能电站	3	120	1. 上水库及上游输水系统工程； 2. 下水库及地下厂房工程； 3. 地下厂房土建及机电安装工程	已建
3	周宁抽水蓄能电站	4	120	1. 上水库工程； 2. 输水系统和地下厂房工程； 3. 地下厂房土建及机电安装工程； 4. 下水库工程	已建
4	永泰抽水蓄能电站	4	120	1. 上水库工程； 2. 输水系统和地下厂房工程； 3. 地下厂房土建及机电安装工程； 4. 下水库工程	已建
5	宜兴抽水蓄能电站	4	100	1. 上水库工程； 2. 引水系统及地下厂房工程； 3. 下水库及尾水系统工程； 4. 地下厂房土建及机电安装工程	已建
6	响水涧抽水蓄能电站	4	100	1. 上水库土建工程； 2. 输水系统及地下厂房土建工程； 3. 下水库土建工程； 4. 地下厂房土建及机电安装工程	已建
7	绩溪抽水蓄能电站	4	180	1. 上、下水库土建及金属结构安装工程； 2. 引水系统土建及金属结构安装工程； 3. 地下厂房及尾水系统土建及金属结构安装工程； 4. 地下厂房土建及机电安装工程	已建
8	天荒坪抽水蓄能电站	5	180	1. 上水库区开挖填筑工程土建工程； 2. 上水库沥青混凝土防渗护面工程； 3. 上游输水系统土建工程； 4. 下水库区及地下厂房土建工程； 5. 地下厂房土建及机电安装工程	已建

续表

序号	工程名称	标段数	规模（万 kW）	各标段名称	备注
9	仙游抽水蓄能电站	5	120	1. 上水库土建工程； 2. 引水系统土建工程； 3. 地下厂房及部分尾水系统土建工程； 4. 下水库及部分尾水系统土建工程； 5. 地下厂房土建及机电安装工程	已建
10	洪屏抽水蓄能电站	5	120	1. 上水库工程； 2. 引水系统工程； 3. 地下厂房及尾水系统工程； 4. 下水库工程； 5. 机电安装工程	已建
11	仙居抽水蓄能电站	5	150	1. 上水库工程； 2. 引水系统工程； 3. 地下厂房及尾水系统工程； 4. 下水库工程； 5. 地下厂房土建及机电安装工程	已建
12	宝泉抽水蓄能电站	6	120	1. 上水库开挖及填筑工程； 2. 上水库沥青混凝土面板工程； 3. 引水系统工程； 4. 地下厂房及尾水系统工程； 5. 下水库土建工程； 6. 机电安装工程	已建
13	西龙池抽水蓄能电站	6	120	1. 下水库开挖填筑工程； 2. 地下厂房系统土建工程； 3. 上水库开挖填筑工程； 4. 引水系统土建及钢管制作安装工程； 5. 沥青混凝土土建工程； 6. 地下厂房土建及机电安装工程	已建
14	泰安抽水蓄能电站	6	100	1. 上水库工程； 2. 地下厂房工程； 3. 上游输水系统工程； 4. 尾水隧洞工程； 5. 下水库大坝加固及溢洪道改建工程； 6. 地下厂房土建及机电安装工程	已建

附录 5

周宁抽水蓄能电站可研审定工期里程碑节点表

序号	里程碑节点	可研工期	实际工期	备注
1	厂房顶拱开挖开始	施工期第 1 年 7 月	施工期第 1 年 3 月	
2	下闸蓄水	施工期第 5 年 4 月	施工期第 5 年 4 月	
3	首台机组投产发电	施工期第 5 年 12 月	施工期第 5 年 2 月	
4	第 2 台机组投产发电	施工期第 6 年 4 月	施工期第 5 年 5 月	
5	第 3 台机组投产发电	施工期第 6 年 8 月	施工期第 6 年 3 月	
6	末台机组投产发电（第 4 台）	施工期第 6 年 12 月	施工期第 6 年 5 月